URPHÄNOMENE DER GEOMETRIE

Erster Teil

Louis Locher-Ernst

Verlag am Goetheanum

Herausgegeben von der
Mathematisch-Astronomischen Sektion am Goetheanum

1. Auflage 1937 (Orell Füssli-Verlag), Zürich
2. Auflage 1980
2., durchgesehene Auflage 1980,
fotomechanischer Nachdruck
2. fotomechanischer Nachdruck 2016
(4. Auflage 2016)

Umschlaggestaltung von Wolfram Schildt, Berlin

Druck und Bindung: Druckhaus Nomos, Sinzheim

ISBN 978-3-7235-1570-9

URPHÄNOMENE
DER GEOMETRIE

Geleitwort

Herrn Ernst Schuberth, der schon die Neuauflage von „Raum und Gegenraum“ sowie die der Bände „Mathematik als Vorschule zur Geist-Erkenntnis“ und „Geometrische Metamorphosen“ besorgt hat, gebührt unser Dank dafür, daß nun auch die grundlegenden Werke „Urphänomene der Geometrie“ und „Projektive Geometrie“ von Louis Locher wiedererscheinen können.

Wir begrüßen auf das lebhafteste, daß diese schon lange vergriffenen Werke Lochers nun wieder vorliegen. Sind sie doch bedeutendstes Studienmaterial für jeden, der die Projektive Geometrie nicht nur kennenlernen, sondern im Sinne der Anregungen Rudolf Steiners in sie eindringen will, nicht zuletzt im Hinblick auf die im Lauf der Zeit erschienenen und auf den letzten Seiten dieses Bandes angezeigten Arbeiten anderer Autoren, die vielfach auf Lochers konsequente Einbeziehung der metrischen (euklidischen und polareuklidischen) Geometrie Bezug nehmen.

Dornach,
September 1979

Für die Mathematisch-Astronomische
Sektion am Goetheanum

Dr. Georg Unger

Vorwort des Herausgebers zur Neuauflage

Die 1937 erschienenen „Urphänomene der Geometrie“ von L. Locher-Ernst waren zusammen mit den Schriften von George Adams (Kaufmann) „Vom ätherischen Raume“ (1933) und „Strahlende Weltgestaltung“ (1934) die wichtigsten frühen Versuche, Rudolf Steiners Anregung auszuarbeiten, zum gewöhnlichen Raum die Idee eines „Gegenraumes“ zu bilden. Beide fanden in der projektiven Geometrie die Grundlage für ihre Darstellungen.

Die Tatsache, daß L. Locher-Ernst den „Urphänomenen“ zwei weitere in sich geschlossene Einführungen in die projektive

Geometrie folgen ließ, zeigt, wie er um das Ausgestalten dieser Idee rang. Es waren dies die „Projektive Geometrie" (1940), welche zunächst als Fortsetzung der „Urphänomene" konzipiert war, und schließlich „Raum und Gegenraum" (1957).

Zu den „Urphänomenen" wird derjenige gerne greifen, der vor der strengen Systematik einen vielfältigen Schatz an geometrischen Inhalten kennenlernen und sich in die projektive Denkweise und das Wesen des mathematischen Beweisens schrittweise einleben will. Der Willensstrom, der in das Denken geschickt wird, indem der Vorstellungsablauf geordnet und das Urteilen streng kontrolliert wird, kann als eine wohltuende Übung des Denkens inmitten der allgemeinen Überflutung mit unkontrollierbaren Informationen empfunden werden. So geschaffene „Inseln" im eigenen Denken sind eine wirksame Vorbereitung für ein meditatives Leben. Die Schönheit und lichte Klarheit der Geometrie in der hier gegebenen Form vermag in uns begeisternde Empfindungen zu wecken, wie wir sie im Alltagsleben zunächst nicht entwickeln. Dabei sind die geometrischen Inhalte selbst so beschaffen, daß sie nicht nur etwas von der Poesie und Harmonie der Raumgesetze enthüllen, sondern nach und nach eine Erweiterung und Umwandlung des Raumbegriffes bewirken, die sich für alles Naturbetrachten als fruchtbar erweisen kann.

So darf auch 12 Jahre nach dem ersten Erscheinen dieser Schrift eine große Leserschaft gewünscht werden, aus der insbesondere künftige Mitarbeiter für eine aus anthroposophischer Geisteswissenschaft befruchtete Naturwissenschaft hervorgehen mögen.

Aufbauend auf die eingangs genannten frühen Arbeiten zum Thema „Raum und Gegenraum" sind seither zahlreiche Publikationen erschienen, die zum Teil einen stärkeren empirischen Übungscharakter haben, zum Teil das Begonnene wesentlich weiterführen. Zu nennen sind vor allem die Bücher von O. Whicher und H. Keller-von Asten bzw. die späteren Arbeiten von G. Adams, L. Edwards und P. Gschwind. So bestehen vielfältige Möglichkeiten, die einführenden Gedanken der „Urphänomene" auszuweiten und zu vertiefen.

Dem Philosophisch-Anthroposophischen Verlag ist für seine Bereitschaft, diese Schrift neu aufzulegen, sehr zu danken.

August 1979 *Dr. Ernst Schuberth*

A. K. E. gewidmet

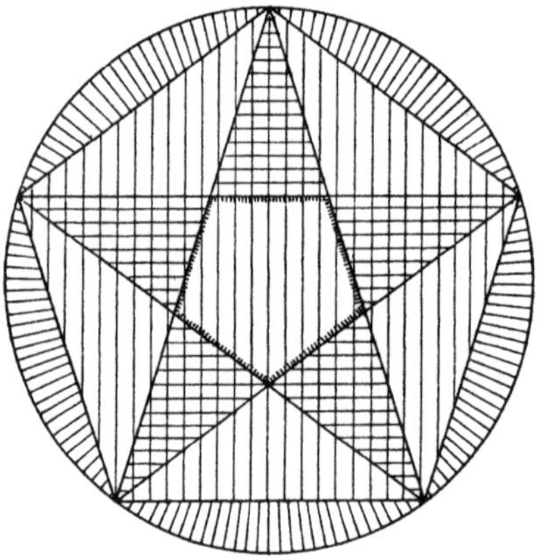

Vor den Urphänomenen, wenn sie unseren Sinnen enthüllt erscheinen, fühlen wir eine Art von Scheu, bis zur Angst. Die sinnlichen Menschen retten sich ins Erstaunen; geschwind aber kommt der tätige Kuppler *Verstand* und will auf seine Weise das Edelste mit dem Gemeinsten vermitteln. —

Alles wahre Aperçu kommt aus einer Folge und bringt Folge. Es ist ein Mittelglied einer großen produktiv aufsteigenden Kette.

(Goethe, Sprüche in Prosa)

Vorrede

Die vorliegenden Ausführungen sind aus einer Vortragsreihe entstanden. Sie wenden sich nicht nur an Mathematiker und Naturwissenschafter, sondern überhaupt an Liebhaber der Geometrie. Deshalb sind auch keine besonderen Fachkenntnisse vorausgesetzt. Mehr Menschen, als man gemeinhin glaubt, haben Sehnsucht nach einer Tätigkeit, deren Art die Bürgschaft dafür liefern kann, daß des Menschen eigentliches Wesen Anteil an einer rein geistigen Welt hat. Das selbständige Mathematisieren, hier insbesondere Geometrisieren, kann, genügend energisch durchgeführt und nachher mit allen Erkenntniskräften betrachtet, zu einer solchen Tätigkeit werden.

Im folgenden werden einige elementarste Sachverhalte der neueren synthetischen Geometrie entwickelt. Solche, die mir wichtig und besonders geeignet erscheinen, einen weiteren Kreis von Mathematik-Freunden mit diesem Gebiet gründlich und nicht langweilig vertraut zu machen. Die Darlegungen sind mit der Überzeugung geschrieben, daß das Denken innerhalb der projektiven Geometrie den Zugang zu Ideen gefunden hat, die für das erkennende Erfassen der Welterscheinungen noch eine wichtige Bedeutung erhalten werden.

Man kann die Elemente des Euklid als eine Art Erziehungsmittel der Menschheitsentwicklung — nun schon mehr als zweitausend Jahre wirkend — betrachten. Viele Individualitäten haben ihre Kräfte daran geübt. So daß die dort vorgebildete Bewußtseinshaltung heute, wenigstens nach entsprechender Ausbildung, zur allgemein menschlichen Fähigkeit geworden ist. Von der neueren synthetischen Geometrie läßt sich das noch keineswegs sagen. Ich denke dabei z. B. an die Erkenntnis der Dualität im Raume, an die Fähigkeit, die Gebilde zu metamorphosieren und den Gesamtraum in sich zu transformieren, an das Hereinnehmen des Unendlichfernen in die geometrische Betrachtung, an die geniale von Staudt'sche Imaginärtheorie und den damit geometrisch erfaßbaren Einbau der Metrik in die projektive Geometrie. Diese Ideen sind Erkenntnisgut eines heute noch engen Kreises von Fachleuten. Mancher Physiker und auch selbst Mathematiklehrer kennt vielleicht diese Zusammenhänge in bloß analytischer Fassung. Aber ein Verwachsen-Sein mit der Sache, wie mit den Euklid'schen Denkformen, habe ich bisher selten gefunden. Würden Ideen, wie z. B. das Dualitätsgesetz, heute schon ernster, gewichtiger genommen, so könnte die projektive Geometrie dem Naturwissenschafter manche Anregung zu ganz neuartiger Anschauungsbildung liefern.

Bevor man einen systematischen, axiomatisch fundierten Aufbau durchschauen kann, müssen ausreichend viele geometrische Erfahrungen da sein. Erst dann kann man das Unwesentliche vom Wesentlichen scheiden und zu den Grundtatsachen vordringen. Deshalb wurden in diesem ersten Teil viele geometrischen Tatbestände dargelegt, nicht um sie auf Axiome zurückzuführen, sondern um gewisse Vorstellungen im Anfänger zu wecken. Nur das mit dem Desargues'schen Satz Zusammenhängende wird auf ein System von Verknüpfungsaxiomen zurückgeführt. Auf deren Unabhängigkeit wird mit Absicht verzichtet. Den Beweis des Fundamentalsatzes versuchte ich — ohne metrische Begriffe — so zu gestalten, daß dessen Wahrheit fast unmittelbar aus den Grundtatsachen im Raume einleuchtet. Den Begriff der harmonischen Lage führe ich dabei, wie auch für die Ableitung der Struktur der Moebius'schen Netze, noch nicht ein; die notwendigen Anordnungsaxiome werden zunächst nur kurz gestreift.

Das Wort *Axiom* wird im folgenden vermieden, es hat heute recht stark den Beigeschmack einer ganz in der menschlichen Willkür liegenden, beliebigen Setzung angenommen. Da für mich das mathematische Begriffsgebäude nicht ein bloßes Hirngespinst ist, sondern einen abstrakten Abklang einer wesenhaften Welt, deren Erzeugnis die physisch-sinnliche ist, darstellt, scheint mir das von Goethe in die Farbenlehre eingeführte Wort „*Urphänomen*" vielsagender, mehr auf eine Wirklichkeit hinweisend, zu sein. Dessen Verwendung in der Mathematik liegt deshalb auch nahe, als ja Goethe z. B. für die Erscheinungswelt des Farbigen durchaus die mathematische Methode[1]) handhabt, wenn auch im weiteren, aber ebenso strengen Sinne, wie heute im allgemeinen nur die quantitativen Begleitumstände der verschiedenen Tatsachenabläufe mit mathematischer Methode erforscht werden. Auch der für Goethes naturwissenschaftliche Anschauungen wichtige Begriff der *Polarität* hat für die projektive Geometrie eine so grundlegende Bedeutung, daß im folgenden, nicht wie gebräuchlich, von einem „Dualitätsgesetz", sondern vom

---

[1]) Näheres darüber findet man in den Aufsätzen:

„Goethe's Verhältnis zur Mathematik" in „Mathematik als Vorschule zur Geist-Erkenntnis". 2. Aufl. Dornach 1973.

„Goethe's Attitude Toward Mathematics" im „National Mathematics Magazine" (Baton Rouge, La., USA) Vol. 11 (1936) Nr. 3, p. 131.

„Polaritätsgesetz“[2]) im Raume die Rede sein wird. „Dual“ erweckt den Eindruck von einander gleichgültigen, nebeneinander bestehenden Wesenheiten; „polar“ nennen wir Dinge, die wohl von entgegengesetzter Natur, aber gerade deswegen eng miteinander verknüpft sind. Nun hat die neuere Axiomatik gezeigt, daß man die Erscheinungen eines Gebietes durch ein begrenztes Axiomsystem nicht vollständig charakterisieren kann. Ein solches System läßt sich nämlich durch im übrigen meist gänzlich verschiedene Modelle realisieren. Diese Tatsache und die obige Wortbestimmung scheinen gerade für die Bezeichnung „Dualität“ zu sprechen. Dieser Einwand ist aber nur beschränkt richtig. Wichtig ist er nur demjenigen, der seine ganze Aufmerksamkeit auf das Axiomsystem an sich richtet, wie etwa der Gruppentheoretiker, und die Sache selbst, der man sich nähern möchte, außer Betracht läßt. Ist man sich dessen bewußt, daß das Wesen einer Sache — abgesehen von einfachsten Maschinen — durch ein begrenztes Axiomsystem sich nicht ausschöpfen läßt, so wird man den Blick mehr auf das Ganze gerichtet halten. Die eigentliche Quelle der mathematischen Wahrheiten fließt ja nur dem, der diesen Blick für das Ganze besitzt. Das hindert nicht, dann genau Rechenschaft darüber zu geben, wie weit ein gefaßtes Urteil sich auf ein gegebenes Axiomsystem stützt. Aber heute wird sogar die Meinung vertreten, daß das Wesen z. B. der mathematischen Wahrheiten eben in solchen Systemen bereits gegeben sei; für so gesinnte Leute, die den Zusammenhang mit der Realität verloren haben, müßte man den Mathematiker als „Fabrik für Gewißheitsprodukte“ ansprechen. Aber

[2]) Eine Verwechslung mit der üblichen Bezeichnung „Polarität“ für eine involutorische Reziprozität ist hier nicht zu befürchten.

schon alltäglichste Erfahrungen, die sich auf den Raum beziehen, wie das Sich-Hineinfügen des Kindes in die Raumeskräfte, bergen Probleme, die weit über alles das hinausgehen, was wir durch die bis heute entwickelte Geometrie vom Raumeswesen wissen.

„Urphänomene" wollen eine Idee, wie z. B. die Idee des Raumes, nicht erschöpfend charakterisieren, ich betrachte sie als *die Weisen, gemäß denen eine Entität sich dem, von Natur aus immer einseitig betrachtenden, Menschen innerhalb bestimmter Bewußtseins-Stufe offenbart.* —

Ganz abgesehen von bloßem Fachinteresse können die folgenden Darlegungen von einiger Bedeutung auch denjenigen sein, für die der von *Rudolf Steiner* beschriebene Erkenntnisweg[3]) Lebensbedeutung erhalten hat, sei es, daß sie denselben selbst zu beschreiten versuchen, oder daß sie sich eine Ansicht darüber bilden wollen, wie die moderne Geisteswissenschaft ihre Ergebnisse findet. Rudolf Steiner wies öfters darauf hin, wie wichtig das Erleben der in mathematischer Tätigkeit begriffenen Seele für den Erkenntnissuchenden sein kann. Z. B. im Vortragszyklus *Mathematik, wissenschaftliches Experiment, Beobachtung und Erkenntnisergebnisse vom Gesichtspunkt der Anthroposophie* (März 1921, Stuttgart): „. . . Man dringt also (mit der projektiven Geometrie) aus der Umgebung der Linie, aus der Umgebung auch des Raumgebildes, in das innere Gefüge des Raumgebildes hinein, und man hat dadurch eine Möglichkeit, sich eine erste Stufe zu bilden für den Übergang des rein mathematischen Vorstellens, das ja im eminentesten Sinne in der analytischen Geometrie gegeben ist,

---

[3]) Z. B. in „Wie erlangt man Erkenntnisse der höheren Welten?".

zum imaginativen Vorstellen. Man hat das imaginative Vorstellen natürlich noch nicht in der synthetischen projektiven Geometrie, aber man nähert sich ihm, und das ist, wenn man es innerlich durchmacht, ein außerordentlich bedeutsames Erlebnis, ein Erlebnis, welches geradezu entscheidend werden kann für die Anerkennung des imaginativen Elementes und auch dafür, daß man sich dann den Weg der Geistesforschung bestätigt in der Richtung, daß man wirklich eine Vorstellung von diesem imaginativen Element bekommt. . . ." —

An mehreren Stellen wird der mit den üblichen Herleitungen Vertraute glauben, Anstoß finden zu müssen. Dieser bedenke, daß die diesbezüglichen Einwände ich mir selbst habe machen können. Das betrifft z. B. die ganze Art der Einführung des Unendlichfernen; gerade hier aber wurde mit vollem Bewußtsein so vorgegangen. Wie viele meinen, daß z. B. die Idee Volksseele auf Grund eines sogenannten Abstraktionsvorganges aus der physisch-sinnlichen Welt herausgezogen sei, sie selbst aber nichts Reales bedeute, so führt man durch Abstraktion auch die unendlichfernen — lieber sagt man „uneigentlichen" — Elemente als Dinge ein, von denen man formal logisch nachweist, daß man von ihnen so sprechen könne, *als ob* sie Punkte usw. wären. Man kann aber auch die Ansicht haben, daß zuerst eine Idee vom reinen Denken erfaßt sein muß, ehe der Verstand dann nachträglich die Brücke des Abstraktionsprozesses sich hinzukonstruieren kann. — —

Das Hauptwerk für das hier behandelte Gebiet bilden noch immer die Arbeiten *K.G.Chr. von Staudt*'s: Geometrie der Lage (Nürnberg 1847) und Beiträge zur Geometrie der Lage (Nürnberg 1856, 1857, 1860).

Ein vorzügliches neueres Buch, welches in ganz ausgezeichneter Weise den abstrakt-logischen Aufbau und die Einordnung der Euklidschen und Nichteuklidschen Geometrie vollzieht, ist die Projektive Geometrie von *H. Prüfer* (Leipzig 1935). Ferner erwähne ich die hervorragenden Werke:

Th. Reye: Die Geometrie der Lage (1. Teil 5. Aufl. Leipzig 1909, 2. Teil 4. Aufl. Leipzig 1907, 3. Teil 4. Aufl. Leipzig 1910).

F. Enriques: Vorlesungen über projektive Geometrie (2. Aufl. Leipzig 1915).

Dem Anfänger sind die folgenden schönen Büchlein zu empfehlen:

M. Zacharias: Einführung in die projektive Geometrie (Teubner, Leipzig 1930).

K. Doehlemann: Projektive Geometrie in synthetischer Behandlung (Sammlung Göschen Nr. 72 und 876).

Ähnliche Ziele wie die vorliegende Arbeit — wenn auch in anderer Haltung — verfolgt das Buch von *G. A. Kaufmann:* Strahlende Weltgestaltung (Dornach 1934). Ihm verdanke ich einige Anregungen: Die Art der Formulierung des Desargues'schen Satzes im 1. Abschnitt (S. 4); die Matrizen-Darstellung der Anordnungseigenschaften des Fünfseites (S. 98). Auch verwendet Kaufmann meines Wissens als erster die Bezeichnung „polar" statt „dual".

Ich hoffe, der Anfänger möge sich durch einige hier kurz gestreifte schwierigere Gedanken nicht abgeschreckt fühlen. Sie galten nicht so sehr ihm, als denjenigen, die mit der Sache, wenigstens von einer Seite her, schon vertrauter sind.

Dem mit der neueren Geometrie noch Unbekannten — diesem vor allem sind die Ausführungen gewidmet — empfehle ich sehr, viel selbst zu zeichnen. Die Abbildungen betrachte man im allgemeinen mehr als Hinweis, wie man die Figuren, natürlich viel größer als hier, entwerfen kann. Durch die eigene Tätigkeit verbindet man sich viel stärker mit der Sache, als durch das bloße Betrachten der schon fertigen Figur.

Über die Weiterführung dieses ersten Teiles finden sich einige Angaben im letzten Abschnitt „Ausblicke".

Winterthur, den 29. Juli 1937

L. Locher

1. Einige geometrische Phänomene

In der Geometrie wollen wir die Gesetzmäßigkeiten des Raumes und damit der ihn gestaltenden Kräfte kennen lernen. Zunächst versuchen wir an einigen einfachen, aber grundlegenden Beispielen, uns gewisse geometrische Vorstellungen zu erwerben. Erst wenn wir uns bis zu einem genügend hohen Grade der ungeheuren Vielfältigkeit der geometrischen Phänomene bewußt geworden sind, beginnen wir mit einem systematischen Aufbau.

Ich denke zwei Dreiecke, in einer Ebene gelegen. Diese beiden Dreiecke werde ich nun dadurch in gegenseitige Beziehung setzen, daß ich jeder Ecke des einen eine bestimmte Ecke des anderen Dreiecks zuordne. Es gibt verschiedene solche Zuordnungen; aber im folgenden fasse ich jeweils eine ganz bestimmte ins Auge. Die Ecken des einen Dreiecks seien mit 1, 2, 3 bezeichnet (Bild **1—3**), die bei der bestimmt gewählten Zuordnung entsprechenden Ecken des anderen Dreiecks mit $\bar{1}$, $\bar{2}$, $\bar{3}$. Unter der „Seite 12" des Dreiecks 1 2 3 verstehen wir nicht bloß die von den Ecken 1 und 2 begrenzte Strecke, sondern die ganze durch 1 und 2 gehende Gerade. Durch die Zuordnung der Ecken werden auch die Seiten der Dreiecke aufeinander bezogen: Die Seiten 1 2 und $\bar{1}\,\bar{2}$, 2 3 und $\bar{2}$, $\bar{3}$, 3 1 und $\bar{3}\,\bar{1}$ entsprechen sich. Durch die einander zugeordneten Ecken und Seiten der beiden gedachten Dreiecke werden nun sofort weitere Figuren bestimmt, die wir näher betrachten wollen. Sich entsprechende Ecken bestimmen die drei Verbindungsgeraden

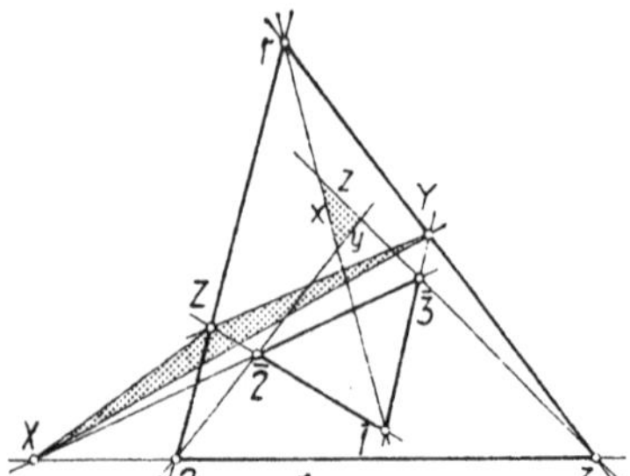

1

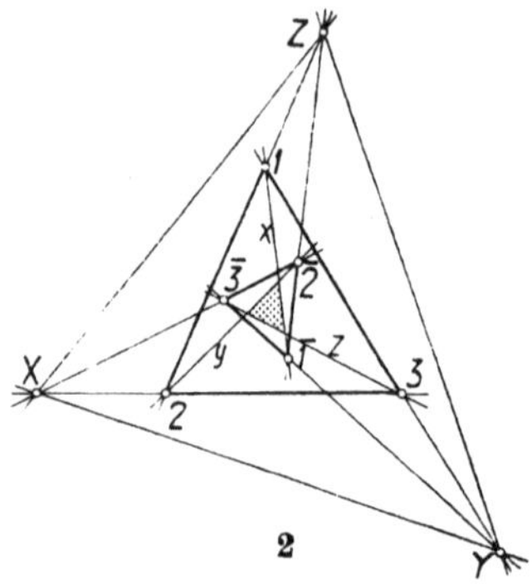

2

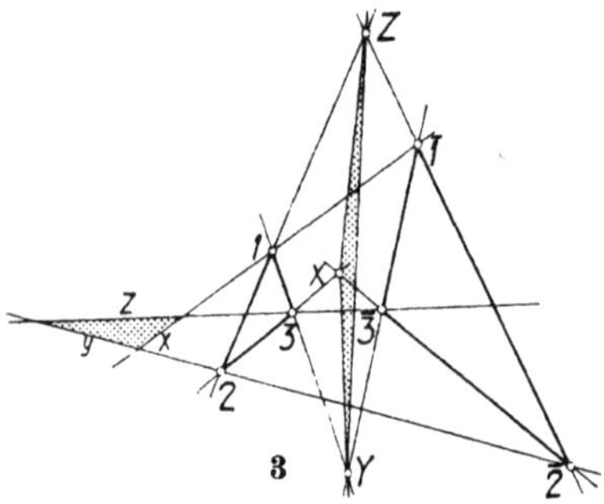

3

$$1\,\bar{1} = x, \qquad 2\,\bar{2} = y, \qquad 3\,\bar{3} = z,$$

welche ein „Dreiseit" bilden. Sich entsprechende Seiten bestimmen die drei Schnittpunkte

$$(1\,2,\ \bar{1}\,\bar{2}) = Z, \quad (2\,3,\ \bar{2}\,\bar{3}) = X, \quad (3\,1,\ \bar{3}\,\bar{1}) = Y,$$

welche ein Dreieck bilden. Die Bilder **1, 2, 3** zeigen drei verschiedene Lagen der einander zugeordneten Dreiecke und die dadurch bestimmten Figuren $x\ y\ z$, $X\ Y\ Z$.

Übung. Man gehe aus von zwei zentrisch-symmetrischen gleichseitigen Dreiecken mit gemeinsamem Mittelpunkt (Bild **4**). Das eine 1 2 3 lasse man fest, das zweite $\bar{1}\ \bar{2}\ \bar{3}$ denke man sich um den

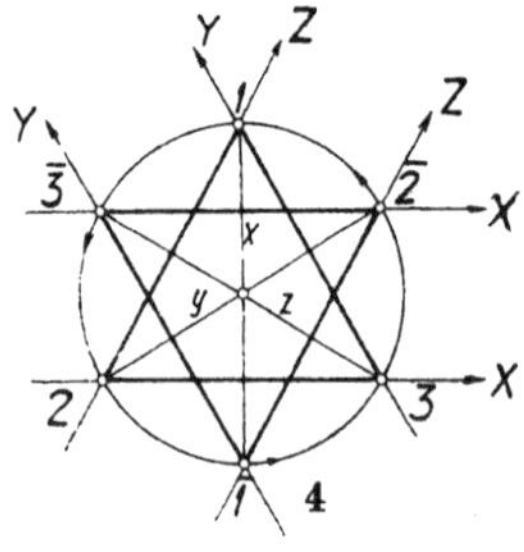

4

Mittelpunkt im angegebenen Sinne gedreht, bis seine Ecken wieder die alten Plätze einnehmen. Man versuche, sich eine Vorstellung darüber zu bilden, wie sich dabei die in jeder Lage wohlbestimmten Figuren $x\,y\,z$, $X\,Y\,Z$ verändern. In der Ausgangslage entartet das Dreiseit $x\,y\,z$ in einen Punkt, während die sich entsprechenden Seiten parallel sind, also in endlicher Entfernung keinen Schnittpunkt haben. Die folgenden Ausführungen werden die Anleitung geben, uns zur Anschauung aufzuschwingen, daß zwei parallele Geraden durch einen und nur einen unendlichfernen Punkt gehen.

Nach einer Sechsteldrehung fallen Dreieck und Dreiseit zusammen. Nach einer Halbdrehung fallen die Ecken $\bar{1}, \bar{2}, \bar{3}$ auf die Ecken 1, 2, 3, und zugehöriges Dreieck und Dreiseit erscheinen zunächst, wenn man nur diese Lage berücksichtigt, unbestimmt. Vergleicht man aber die Verhältnisse kurz vor und nach der Halbdrehung, so ergibt sich für diese als natürliche Bestimmung von $x\,y\,z$ und $X\,Y\,Z$ Bild **5**. —

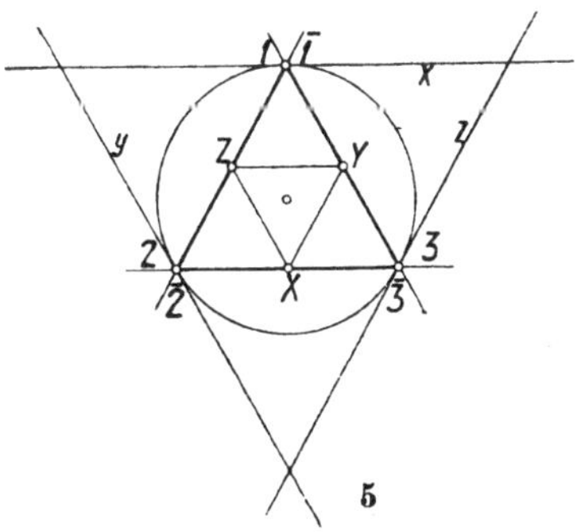

5

Die beiden Dreiecke 1 2 3, $\bar{1}\,\bar{2}\,\bar{3}$ können eine solche gegenseitige Lage haben, daß das Dreiseit $x\,y\,z$ zu einem Punkt P ausartet. Um solche Dreiecke zu bekommen, brauchen wir bloß durch einen Punkt P drei

Geraden x, y, z zu legen und auf ihnen je zwei Punkte 1 und $\bar{1}$, 2 und $\bar{2}$, 3 und $\bar{3}$ zu wählen. Führt man verschiedene solche Zeichnungen aus, so wird man eine Überraschung erleben: In jedem Falle artet nämlich auch das Dreieck $X\ Y\ Z$ aus, und zwar zu einer Geraden p (Bilder 6 und 7).

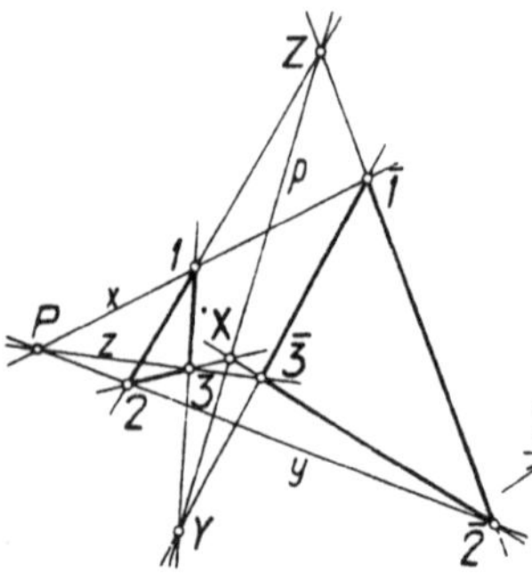

6

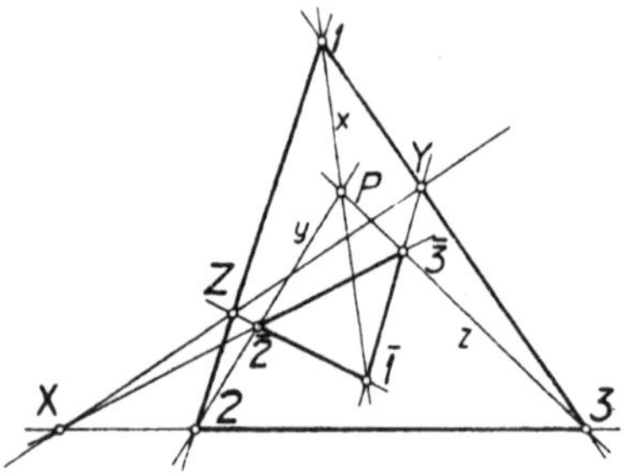

7

Wir können auch umgekehrt die Dreiecke von vornherein so wählen, daß das Dreieck $X\ Y\ Z$ ausartet zu einer Geraden. Wir brauchen nur zuerst die Gerade p und auf ihr drei Punkte X, Y, Z zu zeichnen und dann durch jeden dieser Punkte zwei Geraden als entsprechende Seiten der Dreiecke zu wählen. Wieder wird man die Überraschung erleben, daß dann das Dreiseit $x\ y\ z$ zu einem Punkt entartet. Die Bilder 6 und 7 illustrieren auch diesen Fall. Wie man auch die Figuren wählen mag, immer zeigt sich — natürlich innerhalb der Fehlergrenzen der Zeichnung — das geometrische Phänomen: *Entartet die eine der beiden Figuren $x\ y\ z$ und $X\ Y\ Z$, so entartet auch die andere.*

In Bild 8 stellt das Dreiseit $x\ y\ z$ einen Punkt P dar, der Schnittpunkt Z liegt im Unendlichen. Wie man sieht,

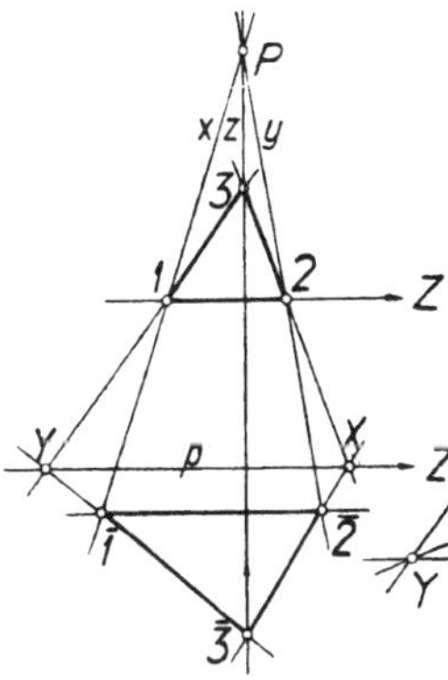

8

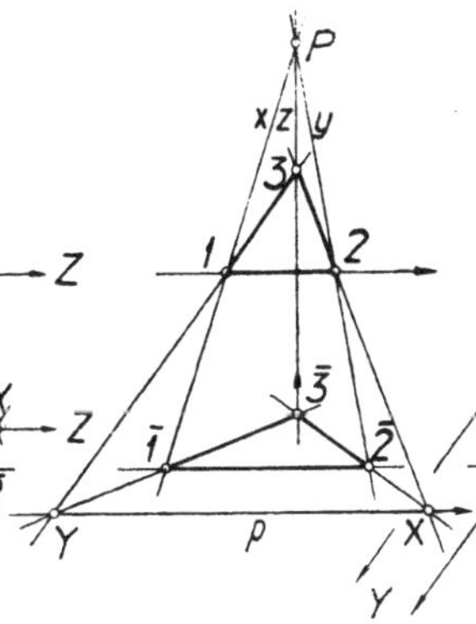

9

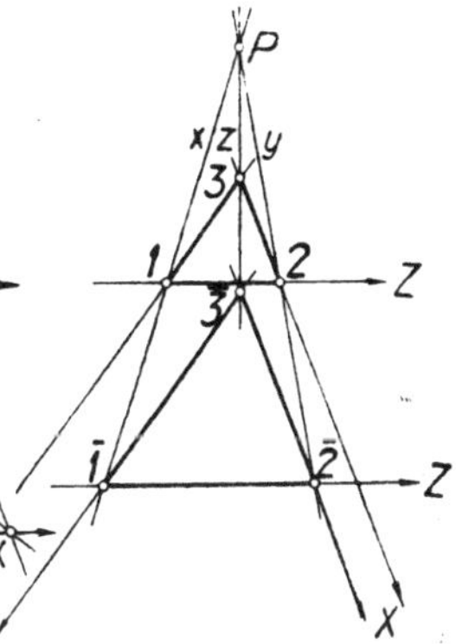

10

ist auch das Dreieck *X Y Z* ausgeartet zu einer Geraden *p*, was hier heißt, daß die Gerade *X Y* zu den Seiten 1 2, $\bar{1}\;\bar{2}$ parallel ist.

Man denke sich den Punkt *P*, das Dreieck 1 2 3 und die Seite $\bar{1}\;\bar{2}$ fest, während die Ecke $\bar{3}$ sich auf *z* gegen *P* hin bewege. Versuche zeigen, daß die Gerade *X Y* sich zwar verschiebt, aber immer durch den Punkt *Z* geht (Bild **9**); das Dreieck *X Y Z* ist also immer ausgeartet. Rückt $\bar{3}$ weiter gegen *P*, bis die Seiten 2 3, $\bar{2}\;\bar{3}$ parallel werden, also *X* ins Unendliche gelangt, so entfernt sich auch *Y* ins Unendliche, wie die Zeichnung **10** andeutet. Die Bildfolge **8**, **9**, **10** weist uns darauf hin, die unendlichfernen Punkte *X*, *Y*, *Z* auf einer Geraden liegend zu denken.

Bild **11** zeigt, daß auch *P* auf *p* liegen kann. —

Noch so viele zeichnerische Versuche, die den Satz „*Entartet die eine der beiden Figuren*

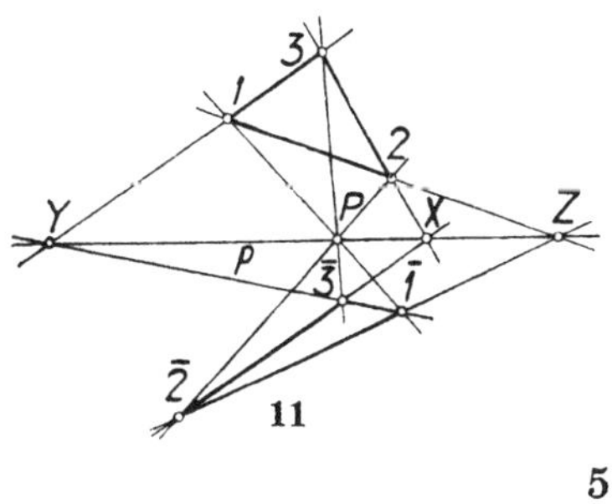

11

x y z und X Y Z, so entartet auch die andere" zu bestätigen scheinen, können uns nicht darüber aufklären, ob das darin ausgesprochene geometrische Phänomen unter den angegebenen Bedingungen wirklich immer eintreten wird. Der Grund dafür liegt darin, daß dieses Phänomen zunächst isoliert auftritt, ohne Zusammenhang mit den räumlichen Grundtatsachen, die jeder als Bewußtseinstatbestand anerkennt. Wir werden später einsehen, daß dieser Satz, der mit vollem Recht den Namen des großen Geometers *Girard Desargues* (1593—1662) trägt, tatsächlich richtig ist und für den Aufbau der Geometrie eine grundlegende Rolle spielt. —

Wir wollen noch einige Merkwürdigkeiten erwähnen, die die Desargues'sche Figur zeigt. Zunächst die Symmetrie in ihrem Aufbau: Sie besteht nämlich aus (s. Bilder **6** und **7**):

10 Punkten (1, 2, 3; $\bar{1}, \bar{2}, \bar{3}$; P; X, Y, Z) und

10 Geraden (12, 23, 31; $\bar{1}\,\bar{2}, \bar{2}\,\bar{3}, \bar{3}\,\bar{1}$; p; x, y, z).

Ferner liegen auf jeder dieser zehn Geraden genau drei dieser Punkte, durch jeden dieser zehn Punkte gehen genau drei Geraden (abgesehen von ganz besonderen Lagen wie in Bild **11**).

Eine vorliegende Desargues'sche Konfiguration von 10 Punkten und 10 Geraden kann auf zehn verschiedene Arten aufgefaßt werden als Zuordnung sich entsprechender Dreiecke. Es kann nämlich jeder der 10 Punkte der Konfiguration die Bedeutung von P als Schnittpunkt der Verbindungsgeraden sich entsprechender Ecken haben, dabei erhält auch jede Gerade der Konfiguration einmal die Bedeutung von p als Verbindungsgerade der Schnittpunkte sich entsprechender Seiten. Die Bilder **12** bis **15** zeigen vier der zehn Möglichkeiten; man zeichne die übrigen.

Eine ganz andere Auffassung der Konfiguration zeigen die Bilder **16** und **17**. Geht man längs der Geraden von Punkt zu Punkt im Sinne der Numerierung 1, 2, 3, ... 10, 1, so durchläuft man ein Zehneck. In Bild **16** gehen dessen Seiten 12, 23, 34 ..., 10 1 nacheinander durch

12

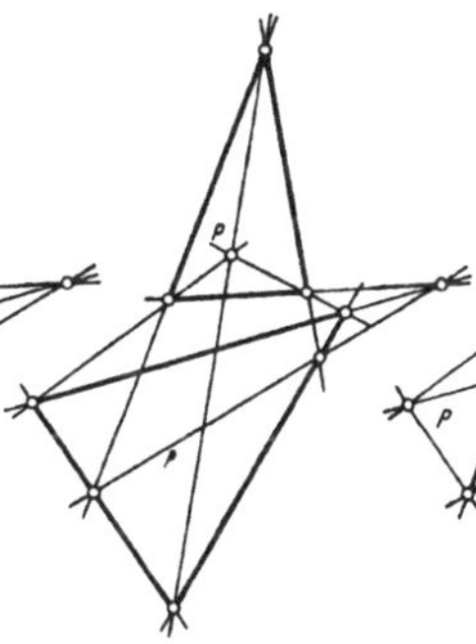

13

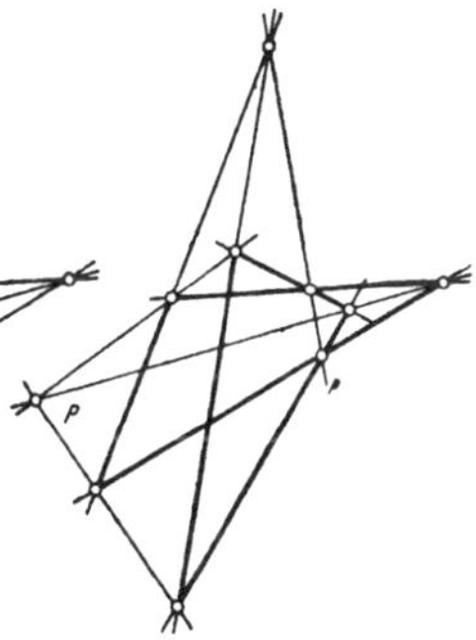

14

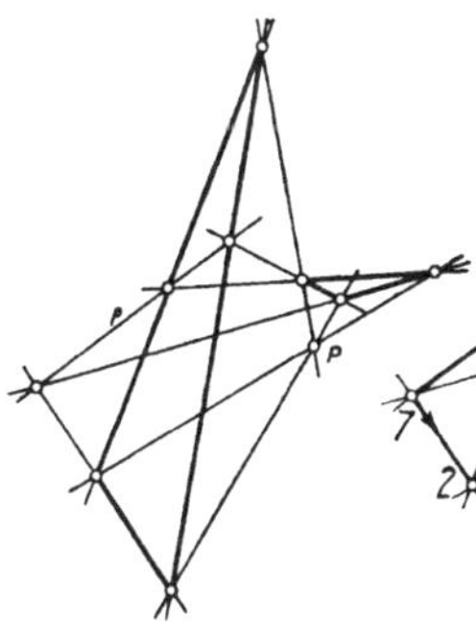

15

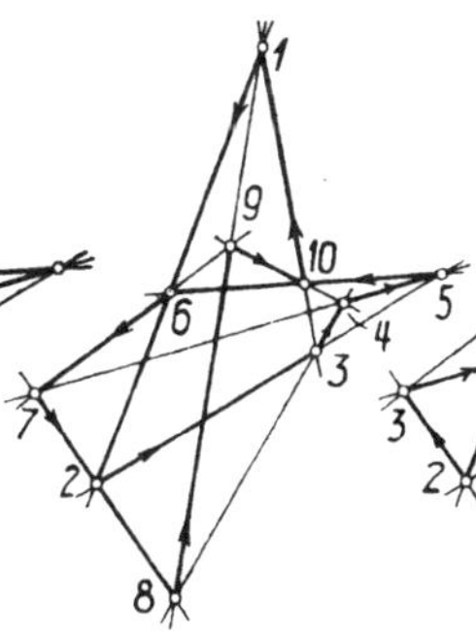

16

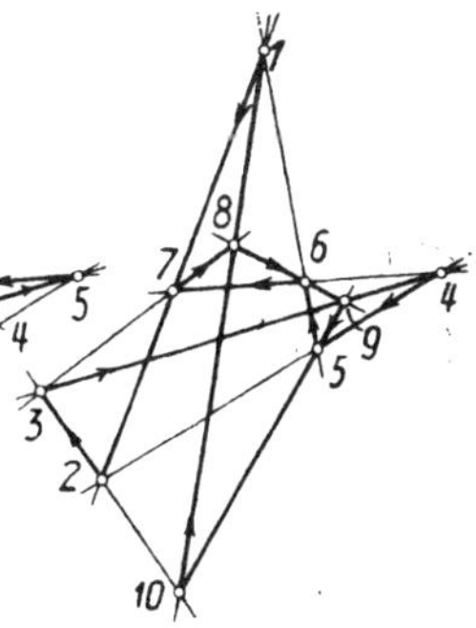

17

die Ecken 6, 5, 8, 7, 10, 9, 2, 1, 4, 3; d. h. das Zehneck ist sich selbst umgeschrieben und damit auch sich selbst eingeschrieben. Genaueres Betrachten zeigt, daß eine

Desargues'sche Konfiguration genau 24 verschiedene solcher sich selbst ein- und umgeschriebener Zehnecke enthält. Es ist nicht schwer, aus den in Bild **16** und **17** angegebenen die übrigen abzuleiten.

Überspringt man beim Durchlaufen des Zehnecks in Bild **16** je eine Ecke, so erhält man das Fünfeck 1 3 5 7 9 und das Restfünfeck 2 6 10 4 8, welche in Bild **18** mit $A\ B\ C\ D\ E$ und $\bar{A}\ \bar{B}\ \bar{C}\ \bar{D}\ \bar{E}$ bezeichnet sind. Dabei liegt jede Ecke des einen Fünfecks auf einer Seite des ande-

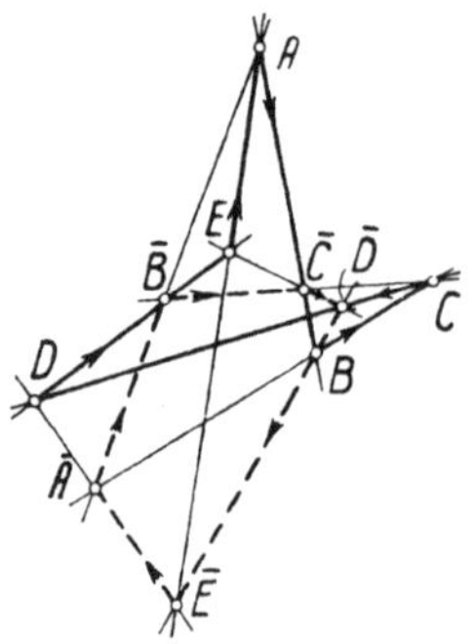

18

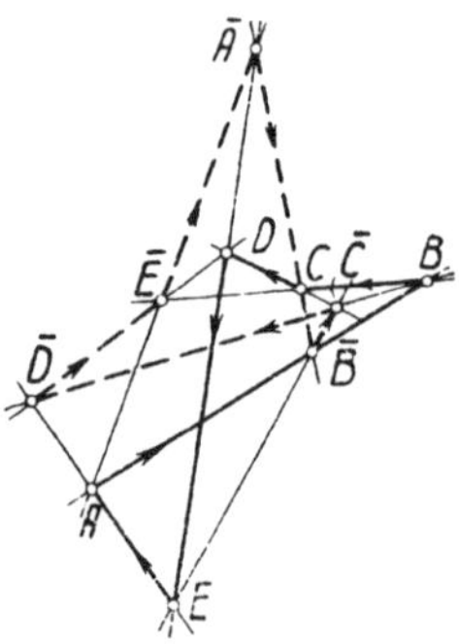

19

ren, und jede Seite des einen Fünfecks geht durch eine Ecke des anderen. Die Ecken A, B, C, D, E liegen nämlich auf den Seiten $\bar{A}\,\bar{B}$, $\bar{D}\,\bar{E}$, $\bar{B}\,\bar{C}$, $\bar{E}\,\bar{A}$, $\bar{C}\,\bar{D}$ und die Seiten $A\,B$, $B\,C$, $C\,D$, $D\,E$, $E\,A$ gehen durch die Ecken $\bar{C}$, $\bar{A}$, $\bar{D}$, $\bar{B}$, $\bar{E}$.

Bild **19** zeigt die entsprechende Zerlegung des Zehnecks von Bild **17**. Die Desargues'sche Konfiguration läßt sich also auf verschiedene Arten auffassen als ein Paar von Fünfecken, deren jedes dem anderen zugleich ein- und umgeschrieben ist!

Eine verwirrende Fülle merkwürdiger Beziehungen zeigt uns die Desargues'sche Figur. *Einsicht* in die Gesetzmäßigkeiten haben wir noch nicht; wir stehen vor einer Anzahl von zunächst zusammenhanglos erscheinenden Tatsachen. —

Zwei einfache Beispiele sollen noch zeigen, wie eine geometrische Erscheinung sich als Folge einer anderen erweist. In Bild **20** werden zwei Geraden $g, \bar{g}$ durch einige beliebig gewählte Geraden eines Strahlenbüschels S geschnitten; in den entstehenden aufeinanderfolgenden Vierecken sind die Diagonalen gezogen. Das Anlegen eines Lineals zeigt, daß die Diagonal-Schnittpunkte auf einer Geraden zu liegen scheinen. Ist das wirklich so?

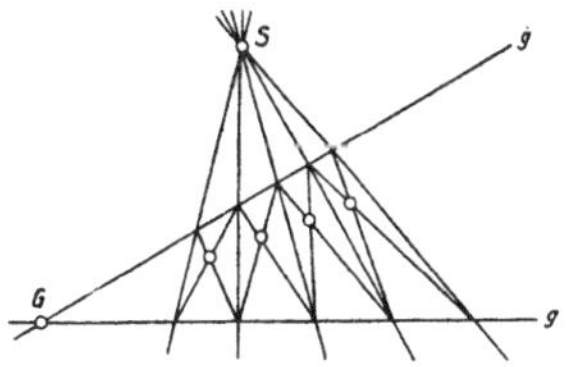

20

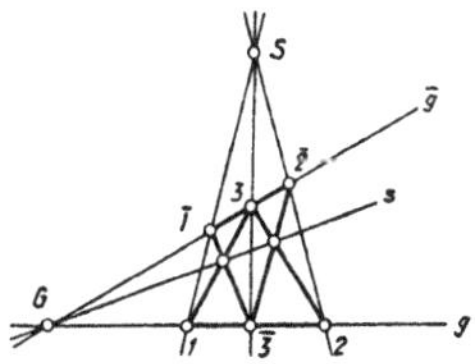

21

Bild **21** enthält die zwei ersten Diagonalpunkte aus **20.** Für die beiden hervorgehobenen, durch Numerierung der Ecken aufeinander bezogenen Dreiecke gilt gemäß der Konstruktion der Figur: Das Dreiseit gebildet aus den Verbindungslinien entsprechender Ecken ist zum Punkte S entartet. Nach dem Desargues'schen Satze muß also das Dreieck, gebildet aus den Schnittpunkten entsprechender Seiten, zu einer Geraden s ausarten. Die beiden Diagonalpunkte liegen also mit dem Schnittpunkt $G = (g, \bar{g})$ auf einer Geraden. Führt man nun den entsprechenden Gedankengang durch für den zweiten und dritten Diagonalpunkt in Bild **20**, den dritten und vierten usw., so erkennt man, daß tatsächlich alle diese Punkte auf *einer* Geraden durch G liegen — sofern der

Desargues'sche Satz gültig ist. Ganz in derselben Weise werden wir später erkennen, daß der Desargues'sche Satz selbst durch einige einfache räumliche Tatsachen bedingt ist. —

*

Als zweites Beispiel wollen wir von einem Tatbestand am Parallelogramm (Vierseit mit parallelen Gegenseiten) ausgehen. In Bild **22** sieht man sogleich, daß die hervorgehobenen Parallelogramme flächengleich sind. Denn sie sind aus den einander gleichen Dreiecken $X\,G\,\overline{X}$ und $X\,H\,\overline{X}$ so entstanden, daß von diesen je zwei einander gleiche Dreiecke weggenommen wurden. Da die Parallelogramme gleiche Winkel haben (ohne im allgemeinen einander ähnlich zu sein), ist also das Produkt $M\,G \cdot \overline{N}\,G$ gleich dem Produkt $M\,X \cdot \overline{N}\,\overline{X}$. Man kann dies auch anschaulich sofort sehen, indem man $M\,S$, $X\,H$ so parallel zu $G\,\overline{X}$ verschiebt, daß ein Rechteck entsteht. Das Rechteck $M\,G \cdot \overline{N}\,G$ ist dann gleich einem Rechteck mit den Seiten $M\,X$ und $\overline{N}\,\overline{X}$.

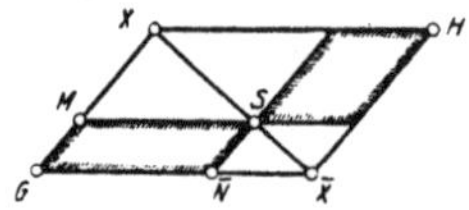

22

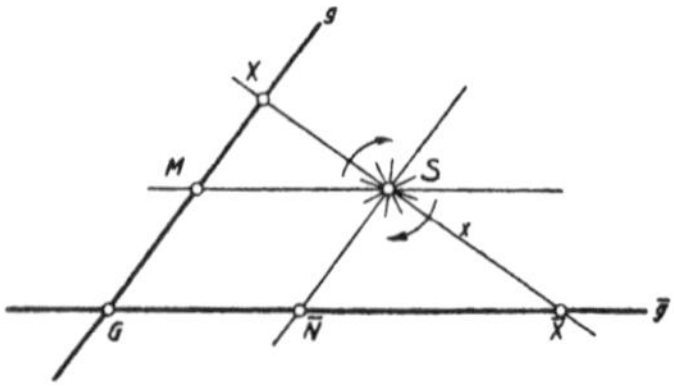

23

In Bild **23** ist ein Strahlenbüschel S von zwei Geraden $g, \overline{g}$ geschnitten, nur die zu $g, \overline{g}$ parallelen Strahlen und noch *ein* weiterer Strahl x sind ausgezogen. Ein Vergleich mit Bild **22** zeigt sofort, daß die Produkte (Rechtecke) $M\,X \cdot \overline{N}\,\overline{X}$ und $M\,G \cdot \overline{N}\,G$ gleich sind. Da dies für jeden beliebigen Strahl x des Büschels S richtig ist, kann man folgendes aus dem einfachen Parallelogramm-Satz abgeleitete wichtige Phänomen am Strahlenbüschel aussprechen:

Schneidet man ein Strahlenbüschel mit zwei Geraden $g, \bar{g}$, so gibt es auf diesen solche Punkte $M, \overline{N}$, für die die Produkte (Rechtecke) der Abstände entsprechender Punkte von $M, \overline{N}$ immer gleich groß sind.

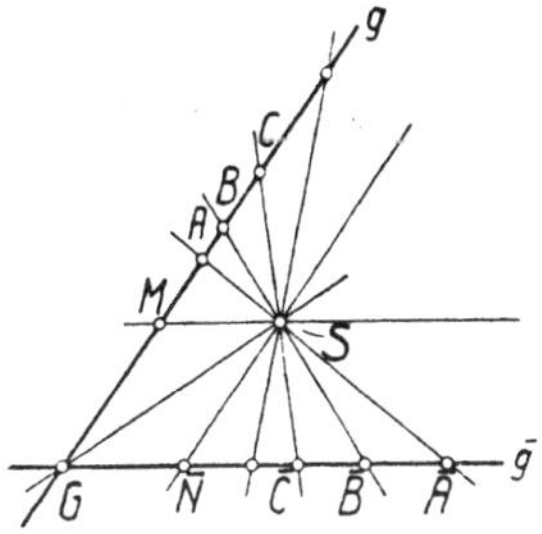

24

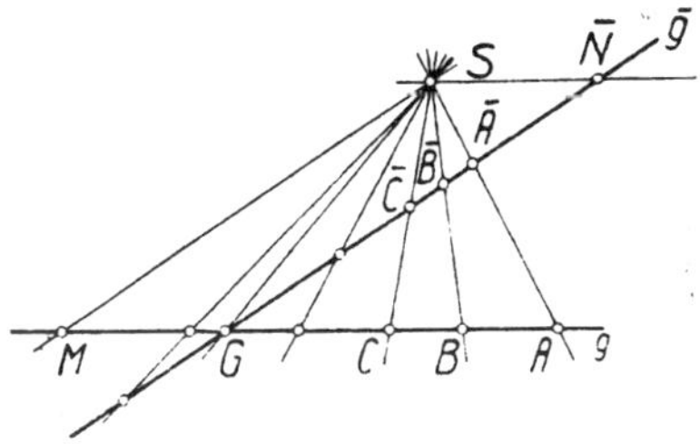

25

Sind $A, \overline{A}$ und $B, \overline{B}$ und $C, \overline{C}$ usw. entsprechende Punkte, so ist also

$$MA \cdot \overline{N}\overline{A} = MB \cdot \overline{N}\overline{B} = MC \cdot \overline{N}\overline{C} = \ldots = MG \cdot \overline{N}G$$

(siehe **24** und **25**). Besonders wichtig ist es, sich eine Vorstellung vom gegenseitigen Verhältnis der Bewegungen von X und $\overline{X}$ und der entsprechenden Abstände MX und $\overline{N}\overline{X}$ bei sich drehendem Strahle x zu verschaffen (s. Bild **23**). Diese Art von Bewegungszusammenhang wird noch eine wichtige Rolle spielen.

Zunächst aber wollen wir in den nächsten Abschnitten uns diejenigen Gebilde und deren Zusammenhänge ins Bewußtsein rufen, die unserem geometrischen Vorstellungsvermögen von vornherein durchschaubar erscheinen.

2. Die Grundelemente und Grundgebilde

Wenn wir uns darauf besinnen, welche Elemente es sind, mit denen wir in der Geometrie arbeiten, so werden wir außer Kreis und Kugel den *Punkt*, die *gerade Linie* — kurz *Gerade* — und die *ebene Fläche* — kurz *Ebene* — nennen. Die Bildvorstellung eines Punktes *ist kein* Punkt, sie weist dem Denken nur die Richtung, den Begriff des Punktes zu erfassen. Die Vorstellung einer Geraden oder einer Ebene gibt uns niemals die Gerade oder die Ebene in ihrer Ganzheit, sondern bloß Ausschnitte aus diesen. Ja, auch ein solcher Ausschnitt ist in Wahrheit nur dem reinen Denken erfaßbar, denn die Vorstellung gibt ihn mit einer — wenn auch kleinen — Dicke, mit einer gewissen Farbe usw. Wie die Gruppenseelen der Tierarten, abgesehen von der denkerischen Erfassung durch den Begriff, dem gewöhnlichen Bewußtsein nicht wahrnehmbar sind, wohl aber zum Beispiel die einzelnen Löwen der Sinneswelt, so müssen Punkt, Gerade und Ebene — vergleichsweise gesprochen — in diejenigen Hüllen sich verkörpern, in die alles das sich kleiden muß, was in unserem gewöhnlichen Bewußtseinszustand wahrnehmbar werden soll: In die Kleider dieser oder jener Sinnesqualitäten, hier zum Beispiel Farben. Für unsere geometrischen Zeichnungen, als einer Art materialisierter Vorstellungen, gilt dasselbe. Obschon also die Forderungen „Man stelle sich eine Gerade vor", „Man zeichne eine Gerade" nur in sehr engem Sinne erfüllbar sind, werden wir sie immer wieder stellen.

Punkte werden im folgenden meist mit großen lateinischen Buchstaben ($A, B, C, \ldots, X, Y, Z$), *Geraden* mit kleinen lateinischen ($a, b, c, \ldots, x, y, z$) und *Ebenen* mit kleinen griechischen ($\alpha, \beta, \gamma, \ldots, \xi, \eta, \zeta$) geschrieben.

Diese drei Grundelemente stehen nun nicht voneinander abgesondert im Raum; vielmehr sind sie durch mannigfaltige Beziehungen miteinander verbunden.

Punkte können in Geraden und Ebenen liegen.

Ebenen können durch Geraden und Punkte gehen.

Geraden können in Ebenen liegen und durch Punkte gehen.

Der Beziehung „*liegen in*" entspricht immer eine Beziehung „*gehen durch*" und umgekehrt in folgender Art:

Geht eine Gerade durch einen Punkt, so liegt der Punkt in der Geraden.

Liegt ein Punkt in einer Geraden, so geht die Gerade durch den Punkt.

Liegt ein Punkt in einer Ebene, so geht die Ebene durch den Punkt.

Liegt eine Gerade in einer Ebene, so geht die Ebene durch die Gerade.

Geht eine Ebene durch eine Gerade, so liegt die Gerade in der Ebene.

Geht eine Ebene durch einen Punkt, so liegt der Punkt in der Ebene.

Die Gerade ist nicht allein ein ursprüngliches Grundelement des Raumes. Sie erscheint auch einerseits als Gesamtheit ihrer Punkte und anderseits als Gesamtheit ihrer Ebenen (Bild **26**):

L_1 In einer Geraden liegen unbegrenzt viele Punkte; die Gerade erscheint so als „*Punktreihe*".

Durch eine Gerade gehen unbegrenzt viele Ebenen; die Gerade erscheint so als „*Ebenenbüschel*".

Wir werden später einsehen, daß unser geometrisches Vorstellungsvermögen sehr einseitig eingestellt ist. So anerkennen wir sofort die Ausdrucksweise: „die Gerade erscheint als Gesamtheit ihrer Punkte“, hingegen sind

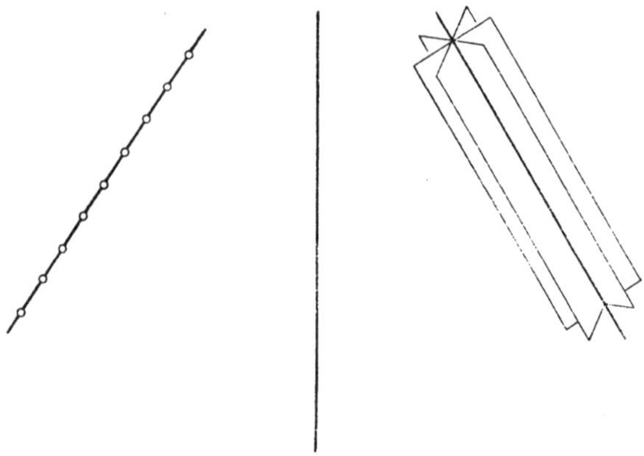

26

wir nicht gleich geneigt, den entsprechenden Satz: „die Gerade erscheint als Gesamtheit ihrer Ebenen“ hinzunehmen. Wie wir die einzelnen Punkte einer Punktreihe als „die Teile“, die Gerade, ihren Träger, als „das Ganze“ ansprechen, so wollen wir auch beim Ebenenbüschel die einzelnen Ebenen als „die Teile“, die Gerade, ihren Träger, als „das Ganze“ anerkennen.

Wie die Gerade einmal als Grundelement schlechthin, aber auch im Hinblick auf die beiden übrigen Elemente auf zwei Arten als Grundgebilde, nämlich als Punktreihe und Ebenenbüschel, erscheinen kann, so sind zunächst Punkt und Ebene ursprüngliche Grundelemente des Raumes, können aber auch je auf zwei Arten als Grundgebilde auftreten:

L$_2$ In einer Ebene liegen unbegrenzt viele Punkte; die Ebene erscheint so als „*Punktfeld*“.

Durch einen Punkt gehen unbegrenzt viele Ebenen; der Punkt erscheint so als „*Ebenenbündel*“.

L$_3$ In einer Ebene liegen unbegrenzt viele Geraden; die Ebene erscheint so als „*Strahlenfeld*“.

Durch einen Punkt gehen unbegrenzt viele Geraden; der Punkt erscheint so als „*Strahlenbündel*“.

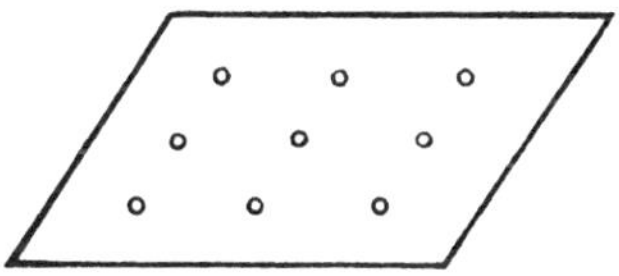

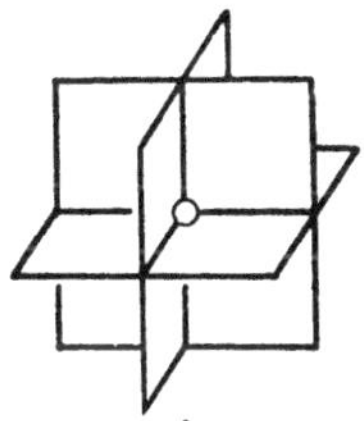

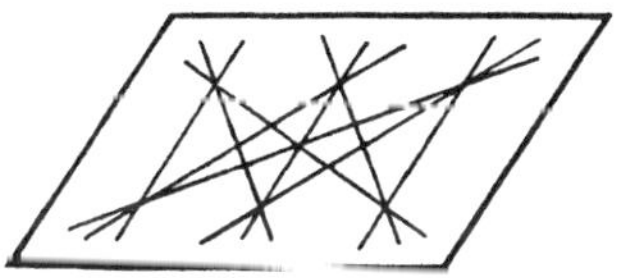

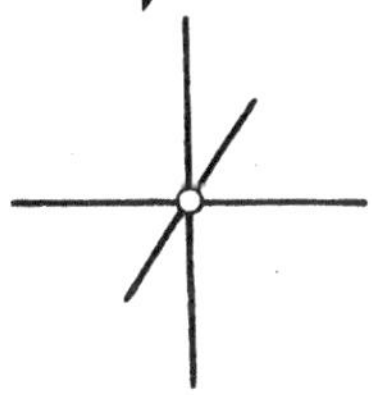

Das links ausgesprochene ist in Übereinstimmung mit dem gewöhnlichen Vorstellen, welches hier die Ebene als das Ganze, die in ihr liegenden Punkte und Geraden sozusagen als deren Teile anspricht. Nicht so das rechts ausgesprochene. Aber die folgende Entwickelung der Geometrie wird uns immer mehr dahin leiten, beim Ebenen- und Strahlenbündel deren Träger, den Punkt, begrifflich als das Ganze, die Ebenen und Geraden des Punktes hingegen als dessen Teile anzuerkennen. Der

Grundsatz, „das Ganze ist größer als der Teil", ist zwar stark in unserem üblichen Vorstellungsleben verwurzelt, aber man bedenke, daß er nur dort anwendbar ist, wo sich das „Ganze" und die „Teile" einem entsprechenden Größer-Begriff unterwerfen lassen.

Bisher betrachteten wir die Elemente Punkt, Gerade und Ebene einmal als ursprüngliche Grundelemente des Raumes, dann auch jedes im Hinblick auf je eines der beiden anderen; so erkannten wir sechs Grundgebilde. Nun gibt es aber noch ein siebentes Grundgebilde, in dem alle drei Elemente vertreten sind, und das in gewissem Sine einen Ausgleich dieser drei darstellt:

L_4 Durch einen Punkt in einer Ebene gehen unbegrenzt viele Geraden, die in der Ebene liegen, diese bilden ein	In einer Ebene durch einen Punkt liegen unbegrenzt viele Geraden, die durch den Punkt gehen, diese bilden ein

„*Strahlenbüschel*".

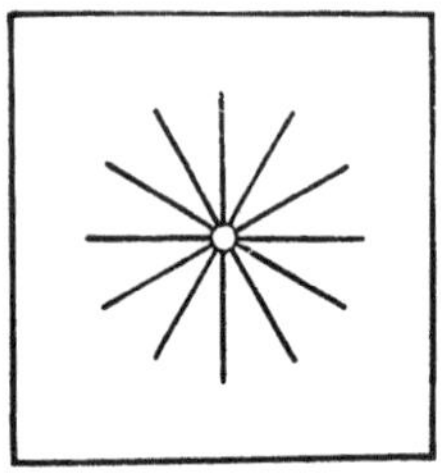

28

Punkt, Ebene und Gerade haben im Gesamtraum nicht dieselbe Bedeutung; wohl ist dies in einem bald näher anzugebenden Sinne für Punkt und Ebene so, hingegen nimmt die Gerade ihnen gegenüber eine übergeordnete Stellung ein.

Das zeigen schon die folgenden grundlegenden Tatsachen der Beziehungen des „liegen in" und „gehen durch":

L$_5$ Liegt eine Gerade in einer Ebene, so liegt auch jeder Punkt der Geraden (als Punktreihe) in dieser Ebene. $(P \to g \to \varepsilon)$	Geht eine Gerade durch einen Punkt, so geht auch jede Ebene der Geraden (als Ebenenbüschel) durch diesen Punkt. $(\varepsilon \to g \to P)$
L$_6$ Liegt ein Punkt in einer Ebene, so liegt *nicht* jede Gerade des Punktes (als Strahlenbündel) in dieser Ebene. $(g \nrightarrow P \to \varepsilon)$	Geht eine Ebene durch einen Punkt, so geht *nicht* jede Gerade der Ebene (als Strahlenfeld) durch diesen Punkt. $(g \nrightarrow \varepsilon \to P)$
L$_7$ Liegt ein Punkt in einer Geraden, so geht *nicht* jede Ebene des Punktes (als Ebenenbündel) durch diese Gorade. $(\varepsilon \nrightarrow P \to g)$	Geht eine Ebene durch eine Gerade, so liegt *nicht* jeder Punkt der Ebene (als Punktfeld) in dieser Geraden. $(P \nrightarrow \varepsilon \to g)$

In den beigefügten schematischen Darstellungen der Sätze treten gerade alle möglichen Anordnungen der drei Buchstaben P (Punkt), g (Gerade), ε (Ebene) in eine Reihe auf:

$P \to g \to \varepsilon$	$\varepsilon \to g \to P$
$g \nrightarrow P \to \varepsilon$	$g \nrightarrow \varepsilon \to P$
$\varepsilon \nrightarrow P \to g$	$P \nrightarrow \varepsilon \to g$

Man sieht, daß nur die Gerade die Vermittlung zwischen den beiden übrigen Elementen übernehmen kann.

Wir haben *sieben* Grundgebilde des Raumes gefunden; das ist kein Zufall, sondern bedingt durch die Dreizahl der Grundelemente. Denn jedes Element kann betrachtet werden im Hinblick auf eines der übrigen, so erhält man die sechs Gebilde:

$g\,(P)$ die Punktreihe	$g\,(\varepsilon)$ das Ebenenbüschel
$P\,(g)$ das Strahlenbündel	$\varepsilon\,(g)$ das Strahlenfeld
$P\,(\varepsilon)$ das Ebenenbündel	$\varepsilon\,(P)$ das Punktfeld

Dann können alle drei Elemente im Ausgleich auftreten:

$(P\,g\,\varepsilon)$ das Strahlenbüschel.

Nun kann schließlich jedes Element im Hinblick auf die *beiden* übrigen betrachtet werden, das liefert aber keine neuen Grundgebilde, sondern eine Zusammenfügung der bereits gefundenen:

$g\,(P\,\varepsilon)$ Die Gerade, angeschaut gleichzeitig als Punktreihe und Ebenenbüschel.

$P(g\varepsilon)$ Der Punkt, angeschaut gleichzeitig als Strahlenbündel und Ebenenbündel, kurz als *Bündel.*	$\varepsilon(gP)$ Die Ebene, angeschaut gleichzeitig als Strahlenfeld und Punktfeld, kurz als *ebenes Feld.*

Den gesamten geometrischen Raum können wir uns auf drei Arten zum Bewußtsein bringen:

als *Punktraum* (Gesamtheit aller Punkte im Raum)	als *Ebenenraum* (Gesamtheit aller Ebenen im Raum)

als *Strahlenraum*

(Gesamtheit aller Geraden im Raum).

Zusammengefaßt hat sich ergeben:

Es gibt drei Grundelemente des Raumes. Jedes derselben erscheint in dreifacher Art, einmal rein für sich, dann im

Aspekt je eines der beiden anderen. Die drei Grundelemente fügen sich zu sieben Grundgebilden, und alle sind eingeordnet in den dreifach gearteten Raum: den Strahlen-, Punkt- und Ebenen-Raum.

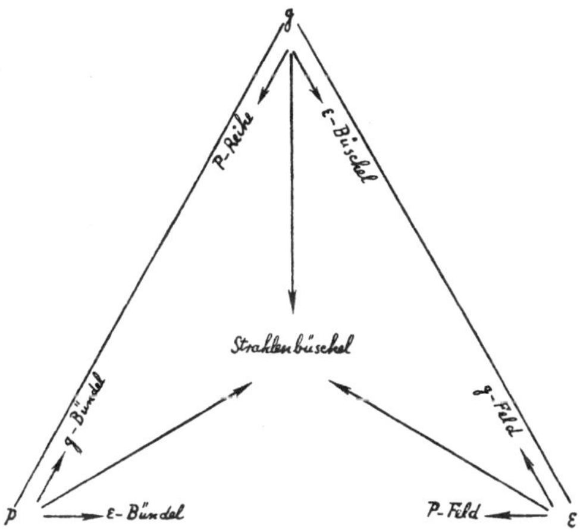

29

Dieser Sachverhalt kommt in Bild **29** in einer symbolischen Figur zum Ausdruck. Indem nur die Verbindungslinien zwischen P, g und ε, g ausgezogen sind, enthält sie auch die Andeutung, daß nur die Gerade die vermittelnde Stellung zwischen den beiden anderen Elementen einnimmt.

So wie der Musiker die sieben Intervalle der Tonleiter nach bestimmten Rhythmen zu den mannigfaltigsten Tongebilden setzt, so auch der Geometer die sieben Grundgebilde. Indem er sogenannte projektive Geometrie pflegt, denkt er sich nämlich die weiteren geometrischen Gebilde, die er betrachtet (z. B. den Kreis, die Kugel), erzeugt durch gewisse gegenseitige Beziehungen, die diese Grundgebilde miteinander eingehen können.

Die ausgesprochenen, auf die Beziehungen „liegen in“ (**L**!) und „gehen durch“ bezüglichen Urphänomene $\mathbf{L}_1$—$\mathbf{L}_7$ des Raumes und damit das sie symbolisch ausdrückende Schema zeigen gewisse Symmetrien. Ersetzt man nämlich in einem der obigen Sätze die Worte Gerade, Punkt, Ebene, liegt in, geht durch gemäß der Gegenüberstellung

Gerade	Gerade
Punkt	Ebene
liegt in	geht durch,

so ergibt sich wieder einer der Sätze! Sich so entsprechende Sätze sind deshalb nebeneinander gestellt, insofern sie bei dieser Ersetzung sich nicht selbst entsprechen. Dabei ist zu beachten, daß zwar die Namen der Grundgebilde

$g\ (P)$	$g\ (\varepsilon)$
$P\ (g)$	$\varepsilon\ (g)$
$P\ (\varepsilon)$	$\varepsilon\ (P)$

diese Gesetzmäßigkeit sprachlich nicht genau zum Ausdruck bringen, wohl aber die Grundgebilde selbst. Das Strahlenbüschel $(P\ g\ \varepsilon)$ entspricht sich selbst.

3. Die Phänomene der Verknüpfung

Im letzten Abschnitt haben wir diejenigen Beziehungen zwischen den Grundelementen und Grundgebilden betrachtet, welche durch die Begriffe „liegen in" und „gehen durch" gegeben sind. Nun wollen wir Gerade, Punkt und Ebene unter einem neuen Gesichtspunkt betrachten: Zwei Punkte lassen sich durch eine Gerade verbinden; zwei Ebenen schneiden sich in einer Geraden usw. Kurz, wir wollen die Elemente vom Gesichtspunkte der Begriffe

„*Verbinden*" und „*Schneiden*"

untersuchen. Wir gehen zunächst mehr beschreibend vor und beginnen mit einer Aufzählung der Gebilde nach einer bestimmten Ordnung, ausgehend vom

Strahlenraum,

der Gesamtheit aller Geraden des Raumes.

Der *Punktraum* besteht aus der Gesamtheit der Schnittpunkte der Geraden des Strahlenraumes. Jeder Punkt enthält ein Strahlenbündel des Strahlenraumes.

Verbinden wir einen bestimmten Punkt P des Punktraumes mit jedem anderen Punkte durch eine

Der *Ebenenraum* besteht aus der Gesamtheit der Verbindungsebenen der Geraden des Strahlenraumes. Jede Ebene enthält ein Strahlenfeld des Strahlenraumes.

Schneiden wir eine bestimmte Ebene ε des Ebenenraumes mit jeder anderen Ebene in einer Gera-

Gerade, so erhalten wir das *Strahlenbündel* $P(g)$. Jede Gerade des Bündels enthält eine Punktreihe des Punktraumes.

Nun denken wir eine nicht durch den Punkt P gehende Ebene ε und schneiden jeden Strahl des Bündels $P(g)$ mit dieser Ebene: So erhalten wir ein *Punktfeld.* Jeder Punkt des Feldes enthält eine Gerade des Bündels und jede Gerade des Bündels einen Punkt des Feldes.

Denken wir eine nicht im Träger des Punktfeldes liegende Gerade und verbinden diese mit jedem Punkt des Feldes, so entsteht ein *Ebenenbüschel.* Eine Ebene des Büschels enthält eine Punktreihe des Punktfeldes.

Schneiden wir die Ebenen des Ebenenbüschels mit einer ihm nicht angehörenden Ebene, so entsteht ein

den, so erhalten wir das *Strahlenfeld* $\varepsilon(g)$. Jede Gerade des Feldes enthält ein Ebenenbüschel des Ebenenraumes.

Nun denken wir einen nicht in der Ebene ε liegenden Punkt P und verbinden jeden Strahl des Feldes $\varepsilon(g)$ mit diesem Punkt: So erhalten wir ein *Ebenenbündel.* Jede Ebene des Bündels enthält eine Gerade des Feldes und jede Gerade des Feldes eine Ebene des Bündels.

Denken wir eine nicht durch den Träger des Ebenenbündels gehende Gerade und schneiden sie mit jeder Ebene des Bündels, so entsteht eine *Punktreihe.* Ein Punkt der Punktreihe enthält ein Ebenenbüschel des Ebenenbündels.

Verbinden wir die Punkte der Punktreihe mit einem ihr nicht angehörenden Punkt, so entsteht ein

Strahlenbüschel.

Jede Gerade des Strahlenbüschels enthält eine Ebene des Ebenenbüschels, und jede Ebene des Ebenenbüschels enthält eine Gerade des Strahlenbüschels.

Jede Gerade des Strahlenbüschels enthält einen Punkt der Punktreihe und jeder Punkt der Punktreihe enthält eine Gerade des Strahlenbüschels.

Mit Hilfe der beiden Tätigkeiten „verbinden“ (v) und „schneiden“ (s) erhalten wir also aus dem Strahlenraum

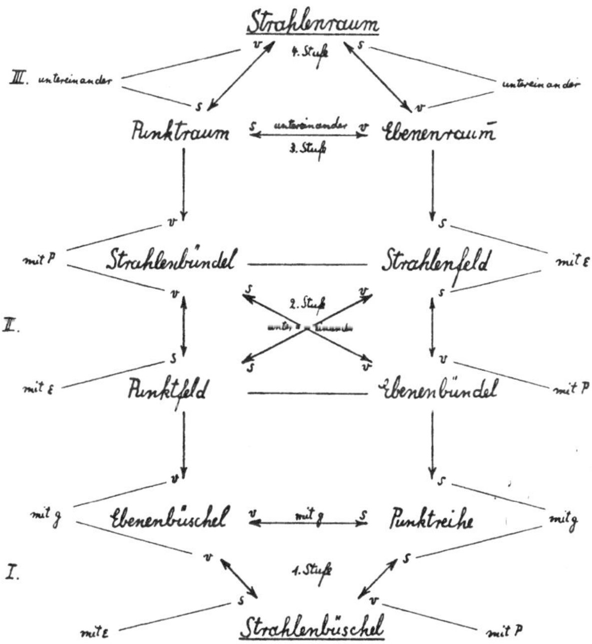

Schema

sowohl Punkt- und Ebenenraum wie auch weiter alle sieben Grundgebilde. Man versuche an Hand des Schemas die geschilderten Prozesse in möglichst deutlichen, anschaulichen Vorstellungsbildern durchzuführen.

Die 24 = 2 · 12 Pfeile im Schema deuten an, wie das eine Gebilde aus einem anderen durch Verbinden und Schneiden erhalten werden kann. Bezüglich der Begriffe Verbinden und Schneiden gliedern sich die 10 Gebilde deutlich in drei Gruppen so, daß man wohl aus der Gruppe III zu den Gruppen II und I übergehen kann, nicht aber zurück von I nach II oder von II nach III. Zehn der 24 Wege haben wir bereits aufgezählt. Die übrigen sind die folgenden:

Verbinden wir je zwei Punkte des Punktraumes, so entsteht der

Schneiden wir je zwei Ebenen des Ebenenraumes, so entsteht der

Strahlenraum.

Verbinden wir je drei Punkte des Punktraumes durch eine Ebene, so entsteht der Ebenenraum.

Schneiden wir je drei Ebenen des Ebenenraumes in einem Punkt, so entsteht der Punktraum.

Verbinden wir je zwei Strahlen eines Strahlenbündels, so entsteht ein Ebenenbündel.

Verbinden wir jeden Punkt eines Punktfeldes mit einem ihm nicht angehörenden Punkt, so entsteht ein Strahlenbündel.

Verbinden wir je zwei Punkte eines Punktfeldes, so entsteht ein Strahlenfeld.

Schneiden wir je zwei Ebenen eines Ebenenbündels, so entsteht ein Strahlenbündel.

Schneiden wir jede Ebene eines Ebenenbündels mit einer ihm nicht angehörenden Ebene, so entsteht ein Strahlenfeld.

Schneiden wir je zwei Strahlen eines Strahlenfeldes, so entsteht ein Punktfeld.

Schneiden wir jede Ebene eines Ebenenbüschels mit einer in keiner Büschelebene liegenden Geraden, so entsteht eine Punktreihe.	Verbinden wir jeden Punkt einer Punktreihe mit einer durch keinen Reihenpunkt gehenden Geraden, so entsteht ein Ebenenbüschel.
Verbinden wir jede Gerade eines Strahlenbüschels mit einer durch dessen Mittelpunkt gehenden, aber nicht in dessen Ebene liegenden Geraden, so entsteht ein Ebenenbüschel.	Schneiden wir jede Gerade eines Strahlenbüschels mit einer in dessen Ebene liegenden, aber nicht durch dessen Mittelpunkt gehenden Geraden, so entsteht eine Punktreihe.

Der Grund dafür, daß im Schema der Strahlenraum als Gebilde vierter Stufe bezeichnet ist, wird sich später ergeben.

Alle vierundzwanzig Sätze zeigen wieder genaueste Polarität in ihrem Aufbau. Nehmen wir zu der schon früher erwähnten Gegenüberstellung

Gerade	Gerade
Punkt	Ebene
liegt in	geht durch

noch diese

verbinden	schneiden

hinzu, so sieht man, daß aus einem der vorherigen, links stehenden Sätze durch Ersetzung gemäß dieser Gegenüberstellung (z. B. „Schnittpunkt" ist zu ersetzen durch „Verbindungsebene") der betreffende rechts stehende Satz hervorgeht. Die hier sich offenbarende Gesetzmäßigkeit im Raume nennen wir das *Gesetz der Polarität.* Später wird davon noch viel die Rede sein.

Jetzt wollen wir untersuchen, durch welche Grundphänomene das vom Gesichtspunkte der Tätigkeiten „verbinden“ und „schneiden“ bisher Betrachtete bedingt wird. Genaueres Eingehen liefert hier die folgenden Urphänomene, die der geometrischen Anschauung unmittelbar einleuchten:

V$_1$ Zwei verschiedene Punkte haben eine Verbindungsgerade, die durch beide Punkte geht. $P - P - g$.	Zwei verschiedene Ebenen haben eine Schnittgerade, die in beiden Ebenen liegt. $\varepsilon - \varepsilon - g$.
V$_2$ Ein Punkt und eine nicht durch ihn gehende Gerade haben eine Verbindungsebene, die durch den Punkt und die Gerade geht. $P - g - \varepsilon$.	Eine Ebene und eine nicht in ihr liegende Gerade haben einen Schnittpunkt, der in der Ebene und in der Geraden liegt. $\varepsilon - g - P$.

V$_3$ Zwei verschiedene Geraden haben entweder sowohl einen Schnittpunkt (der auf beiden liegt) als auch eine Verbindungsebene (die durch beide geht), oder weder einen Schnittpunkt noch eine Verbindungsebene.

$$g - g \left\langle \begin{matrix} P \\ \varepsilon \end{matrix} \right. .$$

Im letzteren Falle nennen wir die beiden Geraden *windschief*.

Diese Sätze stellen *Existenz*aussagen dar. Nun bringen wir uns weiter zum Bewußtsein, daß es jeweils nur ein Element mit den verlangten Eigenschaften gibt, daß also das betreffende Element *„eindeutig bestimmt“* ist. Wir formulieren diese zu den obigen Existenzsätzen gehörigen *Eindeutigkeits*sätze so, wie sie im geometrischen Beweisgange meist auftreten:

$\mathbf{V}_4$ Gehen zwei Geraden beide durch zwei verschiedene Punkte, so sind sic miteinander identisch. $P—P—g=g$.	Liegen zwei Geraden beide in zwei verschiedenen Ebenen, so sind sie miteinander identisch. $\varepsilon—\varepsilon—g=g$.
$\mathbf{V}_5$ Gehen zwei Ebenen sowohl durch eine Gerade wie auch durch einen nicht auf ihr liegenden Punkt, so sind sie miteinander identisch. $P—g—\varepsilon=\varepsilon$.	Liegen zwei Punkte sowohl in einer Geraden wie auch in einer nicht durch diese gehenden Ebene, so sind sie miteinander identisch. $\varepsilon—g—P=P$.

$\mathbf{V}_4'$ Liegen zwei Punkte beide in zwei verschiedenen, nicht windschiefen Goraden oder gehen zwei Ebenen beide durch zwei verschiedene, nicht windschiefe Geraden, so sind die Punkte oder die Ebenen miteinander identisch.

$$g—g\begin{cases} P=P \\ \varepsilon=\varepsilon \end{cases}$$

Die letzte Aussage ist nur eine andere Ausdrucksweise der beiden Sätze $\mathbf{V}_4$:

$$P—P—g=g \text{ und } \varepsilon—\varepsilon—g=g.$$

Denn wären die beiden Punkte oder die beiden Ebenen voneinander verschieden, dann müßten die Geraden nach $\mathbf{V}_4$ miteinander identisch sein. Auch die beiden Eindeutigkeitssätze $\mathbf{V}_5$:

$$P - g - \varepsilon = \varepsilon \text{ und } \varepsilon - g - P = P$$

lassen sich in anderer Art formulieren:

V_5' Liegen ein Punkt und eine Gerade beide in zwei verschiedenen Ebenen, so liegt der Punkt in der Geraden. $\varepsilon - \varepsilon - g = P$.

Gehen eine Ebene und eine Gerade beide durch zwei verschiedene Punkte, so geht die Ebene durch die Gerade. $P - P - g = \varepsilon$.

Diese *Urphänomene der Verknüpfung* der drei Grundelemente lassen sich symbolisch durch die Figur des Pentagramms zusammengefaßt darstellen:

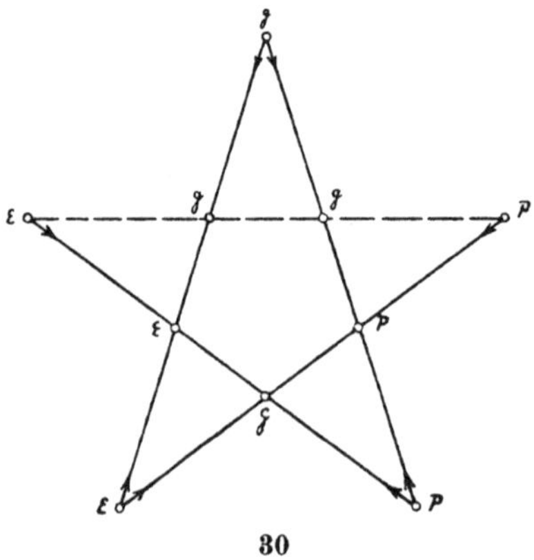

30

Die Lesart der Figur ist aus den oben beigegebenen schematischen Darstellungen der einzelnen Sätze ohne weiteres klar. Die nur gestrichelte horizontale Seite deutet auf den zweiten Teil des Satzes **V_3** hin, daß nämlich zwei Geraden auch keinen Schnittpunkt und damit keine Verbindungsebene haben können; selbst solche Feinheiten — wie noch andere — enthält das Schema.

Wir könnten auch Existenz und Eindeutigkeit der

Verknüpfungen der Grundelemente je in einem einzigen Satze zum Ausdruck bringen, etwa so, daß in den obigen Existenzaussagen die Wendung „eine und nur eine“ eingeführt wird:

$\mathbf{V}_{1,4}$ Zwei verschiedene Punkte haben eine und nur eine Verbindungsgerade, die durch beide Punkte geht.	Zwei verschiedene Ebenen haben eine und nur eine Schnittgerade, die in beiden Ebenen liegt.
$\mathbf{V}_{2,5}$ Ein Punkt und eine nicht durch ihn gehende Gerade haben eine und nur eine Verbindungsebene, die durch den Punkt und die Gerade geht.	Eine Ebene und eine nicht in ihr liegende Gerade haben einen und nur einen Schnittpunkt, der in der Ebene und in der Geraden liegt.

$\mathbf{V}_{3,4}$ Zwei verschiedene Geraden haben entweder sowohl einen und nur einen Schnittpunkt (der auf beiden liegt) als auch eine und nur eine Verbindungsebene (die durch beide geht), oder weder einen Schnittpunkt noch eine Verbindungsebene.

Die Grundphänomene des Verbindens und Schneidens zeigen uns das Gesetz der Polarität. Es ist also klar, daß die auf ihnen beruhenden, am Anfang dieses Abschnittes erwähnten zweimal zwölf Sätze polaren Aufbau aufweisen. Wir können jetzt schon eine allgemeine Aussage über die Polarität im Raume machen:

Jedem Phänomen in der Welt der geometrischen Gebilde, das sich durch Aneinanderfügen der bisherigen Urphäno-

mene $\mathbf{L}_1$—$\mathbf{L}_7$ *und* $\mathbf{V}_1$—$\mathbf{V}_5$ *ergibt, ist ein zweites Phänomen zugeordnet, das sich durch Aneinanderfügen der entsprechenden polaren Urphänomene ergibt.*

Wir wollen dies an einigen grundlegenden Sätzen zeigen.

Drei nicht in einer Geraden liegende Punkte bestimmen eine und nur eine Verbindungsebene; in dieser liegen die drei Verbindungsgeraden je zweier der drei Punkte.

Drei nicht durch eine Gerade gehende Ebenen bestimmen einen und nur einen Schnittpunkt; durch diesen gehen die drei Schnittgeraden je zweier der drei Ebenen.

Diese zueinander polaren Sätze sind zwar fast unmittelbar einleuchtend, wir wollen sie aber „beweisen", d.h. wir wollen erkennen, in welcher Art sie durch Aneinanderfügen der Urphänomene bedingt sind.

Die drei Punkte seien mit A, B, C bezeichnet. Durch zwei von ihnen ist eine und nur eine Verbindungsgerade bestimmt ($\mathbf{V}_{1,4}$ links): $BC = a$, $CA = b$, $AB = c$. Der Punkt A liegt nicht auf der Geraden a, da sonst alle drei Punkte A, B, C in einer Geraden liegen würden. Durch A und a ist demnach eine und nur eine Verbindungsebene π bestimmt, die durch A und

Die drei Ebenen seien mit α, β, γ bezeichnet. Durch zwei von ihnen ist eine und nur eine Schnittgerade bestimmt ($\mathbf{V}_{1,4}$ rechts): $\beta\gamma = a$, $\gamma\alpha = b$, $\alpha\beta = c$. Die Ebene α geht nicht durch die Gerade a, da sonst alle drei Ebenen α, β, γ durch eine Gerade gehen würden. Durch α und a ist demnach ein und nur ein Schnittpunkt P bestimmt, der in α und a

a geht (nach $\mathbf{V}_{2,5}$ links). π geht also auch durch *B* und *C* nach dem Satze $\mathbf{L}_5$ rechts: „Geht eine Gerade (*a*) durch einen Punkt (*B* oder *C*), so geht auch jede Ebene (π) der Geraden durch diesen Punkt.“ Fügen wir jetzt noch den Satz $\mathbf{V}_5'$ rechts an: „Gehen eine Ebene (π) und eine Gerade (*b* oder *c*) durch zwei verschiedene Punkte (*C* und *A* oder *B* und *A*), so geht die Ebene durch die Gerade“, so ergibt sich, daß π wirklich auch durch *b* und *c* geht.

liegt (nach $\mathbf{V}_{2,5}$ rechts). *P* liegt also auch in β und γ nach dem Satze $\mathbf{L}_5$ links: „Liegt eine Gerade (*a*) in einer Ebene (β oder γ), so liegt auch jeder Punkt (*P*) der Geraden in dieser Ebene.“ Fügen wir jetzt noch den Satz $\mathbf{V}_5'$ links an: „Liegen ein Punkt (*P*) und eine Gerade (*b* oder *c*) in zwei verschiedenen Ebenen (γ und α oder β und α), so liegt der Punkt in der Geraden“, so ergibt sich, daß *P* wirklich auch in *b* und *c* liegt.

Als weiteres Beispiel nehmen wir die folgenden beiden zueinander polaren Sätze:

Haben je zwei von drei Geraden, die nicht alle durch *einen* Punkt gehen, einen Schnittpunkt, so liegen sie alle drei in *einer* Ebene.

Beweis: *a*, *b*, *c* seien die drei Geraden; ihre nach Voraussetzung vorhandenen Schnittpunkte bezeichnen wir folgendermaßen:

Haben je zwei von drei Geraden, die nicht alle in *einer* Ebene liegen, eine Verbindungsebene, so gehen sie alle durch *einen* Punkt.

Beweis: *a*, *b*, *c* seien die drei Geraden; ihre nach Voraussetzung vorhandenen Verbindungsebenen bezeichnen wir folgendermaßen:

$bc = A, \quad ca = B, \quad ab = C.$

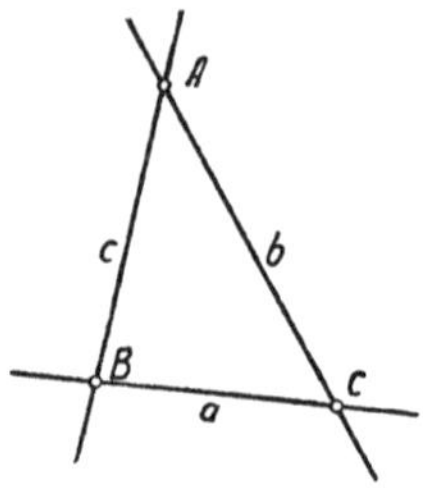

31

Die drei Punkte A, B, C sind voneinander verschieden; wäre nämlich etwa A identisch mit B, so gingen a, b, c durch *einen* Punkt, was durch die Voraussetzung ausgeschlossen wird. Die drei Punkte können auch nicht in *einer* Geraden g liegen; da nämlich A, B die Gerade c gemeinsam haben und nur diese eine Gerade gemeinsam haben können (**V**$_4$ links), müßte g mit c zusammenfallen, aus denselben Gründen aber auch mit a und b, d. h. a, b, c würden zusammenfallen, was durch die Voraussetzung ausgeschlossen wird.

Nach dem vorherigen

$bc = \alpha, \quad ca = \beta, \quad ab = \gamma.$

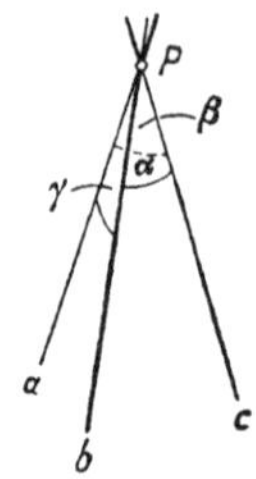

32

Die drei Ebenen α, β, γ sind voneinander verschieden; wäre nämlich etwa α identisch mit β, so lägen a, b, c in *einer* Ebene, was durch die Voraussetzung ausgeschlossen wird. Die drei Ebenen können auch nicht durch *eine* Gerade g gehen; da nämlich α, β die Gerade c gemeinsam haben und nur diese eine Gerade gemeinsam haben können (**V**$_4$ rechts), müßte g mit c zusammenfallen, aus denselben Gründen aber auch mit a und b, d. h. a, b, c würden zusammenfallen, was durch die Voraussetzung ausgeschlossen wird.

Nach dem vorherigen

Satze bestimmen die drei Punkte A, B, C also *eine* Verbindungsebene π, in der auch die Geraden a, b, c liegen, und dies war zu beweisen.

Satze bestimmen die drei Ebenen α, β, γ also *einen* Schnittpunkt P, durch den auch die Geraden a, b, c gehen, und dies war zu beweisen.

An einigen Beispielen soll jetzt gezeigt werden, wie man durch mehrmaliges Ausführen der Operationen Verbinden und Schneiden an ganz neue Gebilde herankommen kann. Es scheint ja zuerst so, als ob man durch bloßes Verbinden und Schneiden von Punkten, Geraden

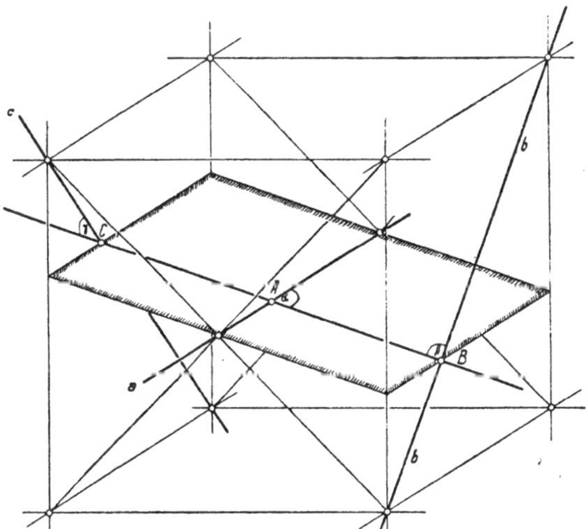

33

und Ebenen aus dem Bereich der Grundgebilde nicht heraustreten könnte. Wir gehen dazu von einer zu sich selbst polaren Aufgabe aus:

Man soll eine Gerade g konstruieren, welche drei zueinander windschiefe gegebene Geraden a, b, c trifft, d. h. mit ihnen je einen Schnittpunkt und damit auch je eine Verbindungsebene bestimmt.

Um das Vorstellen im Raume zu erleichtern, geben wir die drei Geraden im Zusammenhang mit einem Würfel. In Bild **33** ist *a* die Gerade, welche die Mittelpunkte zweier Gegenflächen verbindet, *b* und *c* sind Diagonalen der nach rechts vorn und links hinten hin schauenden Gegenflächen des Würfels. Dabei ist die Wahl so getroffen, daß *a*, *b*, *c* wirklich windschief sind. Um die gestellte Aufgabe zu lösen, brauchen wir nur

irgend eine Ebene α durch eine der Geraden, z. B. durch *a* zu legen, diese hat (nach $\mathbf{V}_{2,5}$ rechts) mit den Geraden *b*, *c* je einen und nur einen Schnittpunkt *B*, *C*. Da die Verbindungsgerade $BC = g$ ($\mathbf{V}_{1,4}$ links) in der Ebene α liegt ($\mathbf{V}_5'$ rechts), so schneidet sie auch die Gerade *a* in einem und nur einem Punkte *A* ($\mathbf{V}_{3,4}$). Die Gerade *g* hat also mit *a*, *b*, *c* je die Schnittpunkte *A*, *B*, *C*.

irgend einen Punkt *A* in einer der Geraden, z. B. in *a* zu wählen, dieser hat (nach $\mathbf{V}_{2,5}$ links) mit den Geraden *b*, *c* je eine und nur eine Verbindungsebene β, γ. Da die Schnittgerade $\beta\gamma = g$ ($\mathbf{V}_{1,4}$ rechts) durch den Punkt *A* geht ($\mathbf{V}_5'$ links), so läßt sie sich auch mit der Geraden *a* durch eine und nur eine Ebene α verbinden ($\mathbf{V}_{3,4}$). Die Gerade *g* hat also mit *a*, *b*, *c* je die Verbindungsebenen α, β, γ.

Obschon dies für den Anfänger nicht ganz leicht ist, empfehle ich dem Leser sehr, sich so lange um Erkräftigung des räumlichen Vorstellungsvermögens zu bemühen, bis er die geschilderten Konstruktionen an drei irgendwie gedachten windschiefen Geraden *a*, *b*, *c* in voller anschaulicher Deutlichkeit durchführen kann. Um die Angaben der dabei in Funktion tretenden Grundsätze (**L**, **V**) braucht man sich zunächst nicht zu kümmern. Erst wenn die Vorstellungskraft genügend entwickelt ist, mache man sich klar, daß man wirklich alles durch Aneinanderfügen der bereits angegebenen Urphänomene erhält. Nach Bild **33** kann man sich auch leicht ein Modell für die hier gewählte besondere Lage von *a*, *b*, *c* herstellen. Der Leser versuche sich auch klarzulegen, wie in Bild **33** nach Wahl der Ebene α (schraffiert) durch *a* deren Schnittpunkte *B*, *C* mit *b*, *c* konstruiert wurden; die dabei nötigen Hilfslinien sind leicht

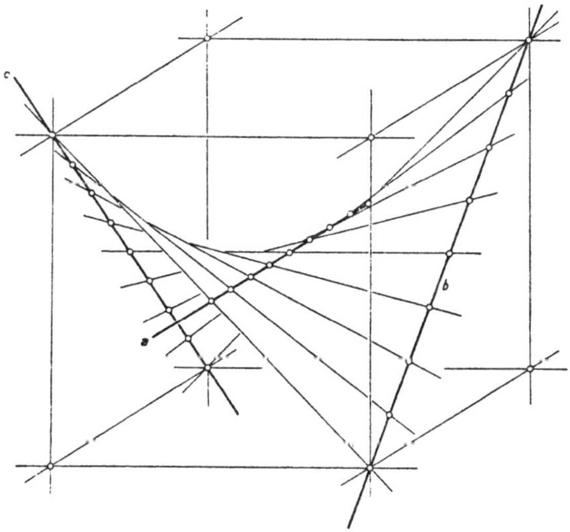

34

zu verstehen. Dann ist er nämlich auch imstande, das im nächsten Bild **34** zu sehende, grundlegende räumliche Flächengebilde sich selbst — vielleicht auch in anderen Lagen — zu zeichnen. *Es gibt nämlich unbegrenzt viele Geraden, welche die drei windschiefen Geraden a, b, c treffen, sie überstreichen eine Fläche, ein sogenanntes (einschaliges) Hyperboloid* (in **34** ein besonderes, ein sogenanntes hyperbolisches Paraboloid). *Durch bloßes Verbinden* *und Schneiden von Grundelementen sind wir also zum Erfassen eines durchaus krummen Gebildes vorgestoßen, das dazu noch von einer Geradenschar bedeckt ist!* Man nehme sich auch ruhig die Zeit, die hier sich aufdrängenden Emfindungen sprechen zu lassen.

Um beliebig viele solche Geraden zu erhalten — man nennt sie *Erzeugende* des Hyperboloides — braucht man bloß in der auf S. 34 links angegebenen Konstruktion der Ebene α durch a alle möglichen Lagen (gemäß $\mathbf{L}_1$ rechts unbegrenzt viele) im Ebenenbüschel $a\ (\varepsilon)$ zu geben und erhält so auch unbegrenzt viele Erzeugenden der Fläche. Hat man die Konstruktion in **33** verstanden, so läßt sich das leicht ausführen; es ergibt sich so das Bild **34**.

Die angegebene Lösung der Aufgabe ist nicht abhängig von der in unseren Bildern besonders leicht anschaulich zu erfassenden Lage der. Geraden a, b, c. Ganz allgemein haben wir den Tatbestand:

Drei zueinander windschiefe Geraden a, b, c bestimmen eindeutig eine krumme Fläche im Raum, ein (einschaliges) Hyperboloid; a, b, c nennt man Leitlinien des Hyperboloides.

An einem anderen Beispiel — nun aus der Geometrie der Ebene — zeigen wir, wie durch bloßes Verbinden und Schneiden von Grundelementen man auch an *Kurven* herankommen kann.

Bild **35** zeigt, wie man zwischen zwei Strahlenbüscheln A, B einer Ebene eine Beziehung herstellen kann, indem man als vermittelnde Brücke zwei Punktreihen u, v und ein diese beiden in Beziehung setzendes drittes Strahlenbüschel X annimmt. Diejenigen Punkte U_1, V_1 und U_2, V_2 usw. in u, v seien einander zugeordnet, die in einem

Strahle x_1, x_2 usw. des Büschels X liegen. Nun ordnen wir dem Strahle $A\ U_1$ des Büschels A den Strahl $B\ V_1$ des Büschels B und $A\ U_2$ dem $B\ V_2$ usw. zu und betrachten die Gesamtheit der Schnittpunkte P_1, P_2, ... der so zueinander in Beziehung gesetzten Geraden der beiden Büschel A, B.

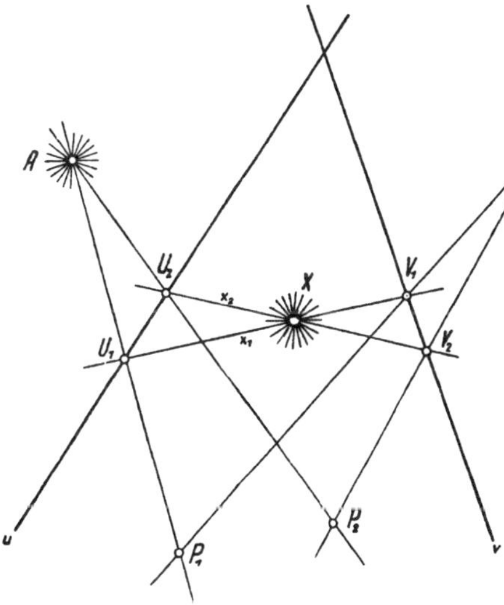

35

Sie bilden eine Kurve! Und zwar bei der in Bild **36** gewählten Lage eine Ellipse, in **37** eine Hyberbel.

Man kann darüber nachsinnen, woher eigentlich die vielfache Symmetrie der Kurve stammt, da doch in die Ausgangsgebilde selbst keine Symmetrien gelegt wurden.

Auch für andere Lagen ergeben sich — es sei noch ohne Beweis hier nur angeführt — Ellipsen, Parabeln oder Hyperbeln, in Spezialfällen auch Geraden. Gibt man beliebige fünf Punkte 1, 2, 3, 4, 5, so kann man immer genau eine in der angegebenen Art gebildete

Kurve durch sie legen. Man bezeichne 1, 2, 3, 4, 5 mit A, B, U, W, V und wähle den Schnittpunkt von $A\ V$ mit $B\ U$ als Büschel X und die Geraden $U\ W$ und $V\ W$ als die Punktreihen u, v.

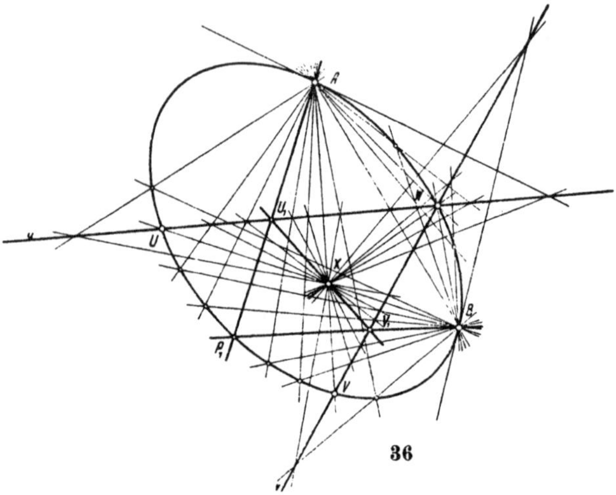

36

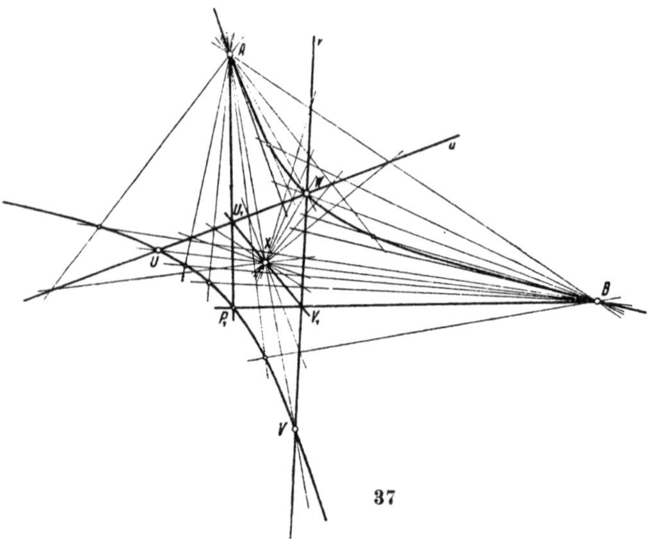

37

Indem man die Rollen durch Umbezeichnung auf die fünf Punkte anders verteilt, kann man es immer erreichen, daß alle auf dem Blatte liegenden Punkte genau konstruiert werden können; z. B. wählt man für den

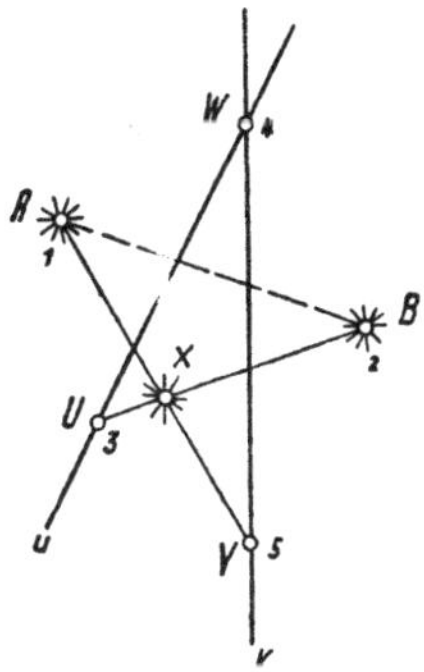

38

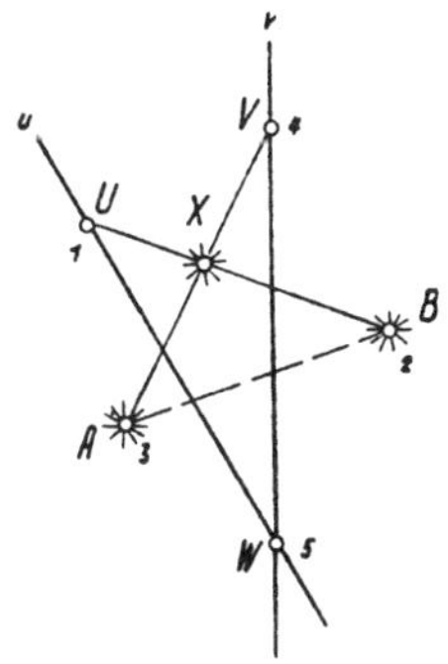

39

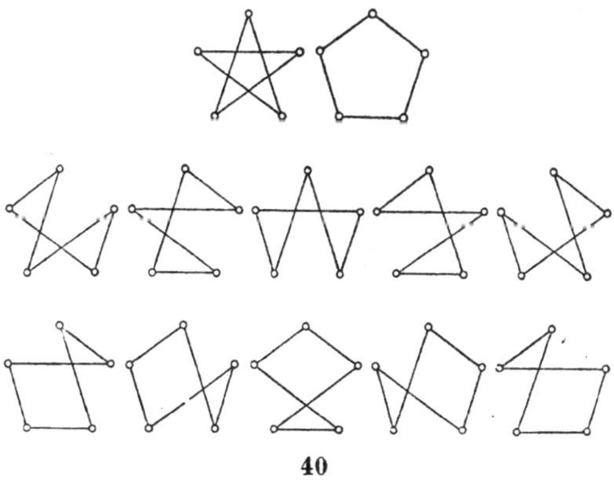

40

Kurvenbogen in der Nähe des Punktes 1 die in **39** angegebene Rollenverteilung. Man hat so eine große Zahl von Möglichkeiten, die gezeigte Konstruktion auszuführen, aber immer ergibt sich dieselbe Kurve. Betrachtet man allein die Anzahl der Fünfecke, die man durch

Verbinden von fünf Punkten gewinnen kann, so kommt man schon auf deren zwölf (Bild **40**).

Die geschilderte Kurvenerzeugung läßt sich auch kinematisch so beschreiben:

Verwandelt sich ein bewegliches Dreieck $U_1 V_1 P_1$ so, daß seine Seiten sich um feste Punkte A, B, X drehen und zwei seiner Ecken (U_1, V_1) auf festen Geraden u, v wandern, so beschreibt die dritte Ecke (P_1) im allgemeinen die Punktfolge einer Ellipse, Parabel oder Hyperbel.

Man kann hier leicht sich zeichnerisch betätigen und es sich so klar werden lassen. —

4. Das Unendlichferne in der Geometrie

Das Unendlichferne einer Ebene. Bei dem Satze „Zwei Geraden einer Ebene haben einen und nur einen Schnittpunkt“ werden dem Leser vielleicht Fragen aufsteigen von der Art: Wie ist es, wenn die Geraden „parallel“ sind? Dann haben sie doch gar keinen Schnittpunkt? Oder vielleicht zwei unendlichferne Schnittpunkte? Diesen Fragen wollen wir etwas nachgehen.

Wir wollen uns dazu aufschwingen, zwei parallelen Geraden einen und nur einen unendlichfernen Punkt anzuerkennen.

In gewissem engeren Sinne stellt dies für das geometrische Vorstellungsvermögen etwas Absurdes dar. Und doch führt gerade das unbefangene Betrachten der Tätigkeiten Verbinden und Schneiden der Grundelemente und Grundgebilde auf diese Idee.

Bild **41** zeigt eine horizontale Gerade g als Punktreihe $A\ B\ C\ D \ldots$ und eine vertikale Gerade g' als Punktreihe $A'\ B'\ C'\ D' \ldots$. Eine gegenseitige Beziehung dieser Punktreihen wird durch das Strahlenbüschel S hergestellt: Einander zugeordnete Punkte A und A', B und B', C und C' usw. liegen auf demselben Strahle $S\ A\ A'$, $S\ B\ B'$, $S\ C\ C'$ usw. Jedem Punkte (wie A, B, $C, \ldots$) der horizontalen Geraden ist ein und nur ein Punkt (A', B', $C', \ldots$) der vertikalen Geraden zugesellt, dem Punkte M der *eine* unendlichferne Punkt M', der erreicht wird durch Übergehen ins Unendlichferne sowohl nach oben wie auch nach unten. Ebenso ist jedem Punkte der vertikalen Geraden ein und nur ein Punkt der horizontalen Geraden zugesellt, insbesondere dem

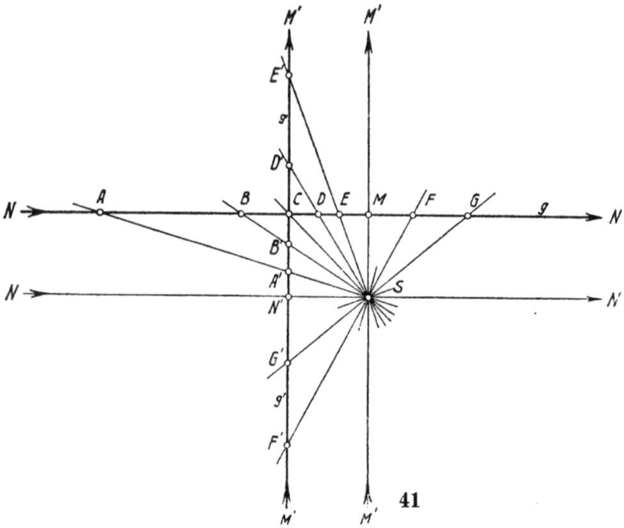

41

Punkte N' der *eine* unendlichferne Punkt N der horizontalen Geraden, der erreicht wird durch Übergehen ins Unendlichferne sowohl nach rechts wie auch nach links.

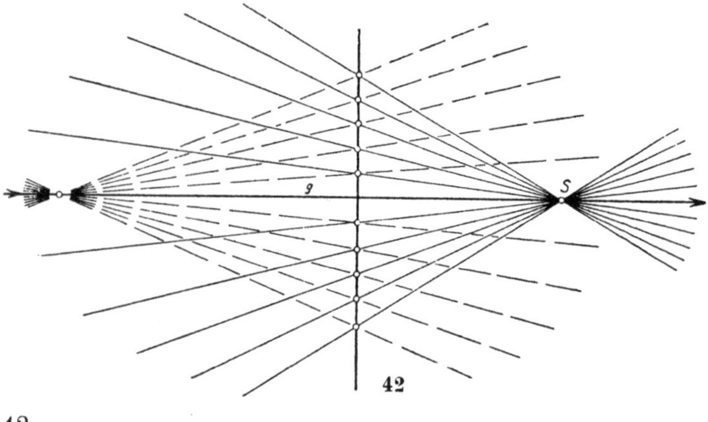

42

In Bild **42** denken wir uns den Punkt S nach rechts hin wandern. Die markierten Punkte auf der vertikalen Geraden seien fest. Geht S immer weiter nach rechts, so wird aus dem Strahlenbüschel S im Grenzfall eine *Parallelenschar*, und dann kommt S von links her wieder zurück. *Eine Schar paralleler Geraden gehört also einem Strahlenbüschel an, dessen Mittelpunkt ein unendlichferner Punkt ist.* —

Statt zu sagen „von der Geraden g kenne ich einen Punkt X und ihre Richtung" kann ich jetzt sagen — wenn entgegengesetzte Richtungen nicht ausdrücklich unterschieden werden — „von der Geraden g kenne ich zwei Punkte, nämlich X und ihren unendlichfernen Punkt N".

Dabei weisen also einander entgegengesetzte Richtungen nach demselben unendlichfernen Punkt hin. —

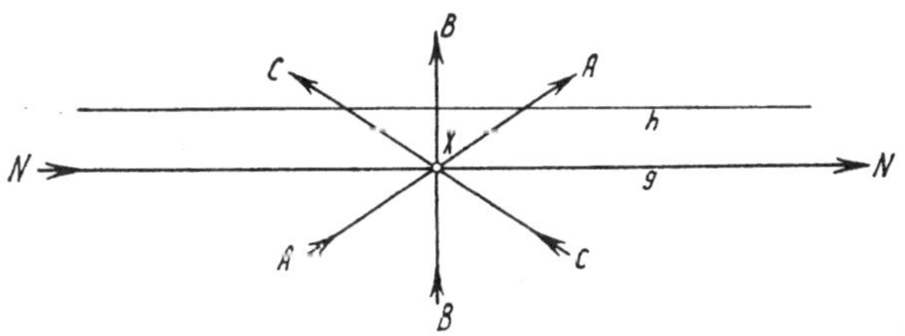

43

Jetzt wollen wir untersuchen, welches Gebilde alle unendlichfernen Punkte einer Ebene darstellen. In den unendlichfernen Punkten A, B, C, ... der Geraden *eines* Strahlenbüschels mit endlichem Mittelpunkt X (Bild **43**) haben wir bereits *alle* unendlichfernen Punkte der Ebene des Strahlenbüschels. Denn irgend eine Gerade h ist der Anschauung nach parallel zu genau einer Geraden g des Büschels, geht also durch deren unendlichfernen Punkt N. Bild **44** deutet einige Strahlenbüschel mit unendlichfernen Trägern A, B, C, N, ..., also Parallelscharen, an. Jede Gerade der Ebene (z. B. h) hat mit der zu bestimmenden Figur genau einen Punkt gemeinsam, nämlich eben ihren einen unendlichfernen Punkt. Wenn wir uns im Endlichen umschauen, welche Figuren die Eigenschaft haben, mit jeder Geraden genau einen Punkt gemeinsam zu haben, so sagt uns die geometrische Anschauung, daß nur die Gerade selbst diese Eigenschaft besitzt, so daß wir auf die Idee kommen:

Die unendlichfernen Punkte einer Ebene bilden eine Gerade, die unendlichferne Gerade g_∞ dieser Ebene.

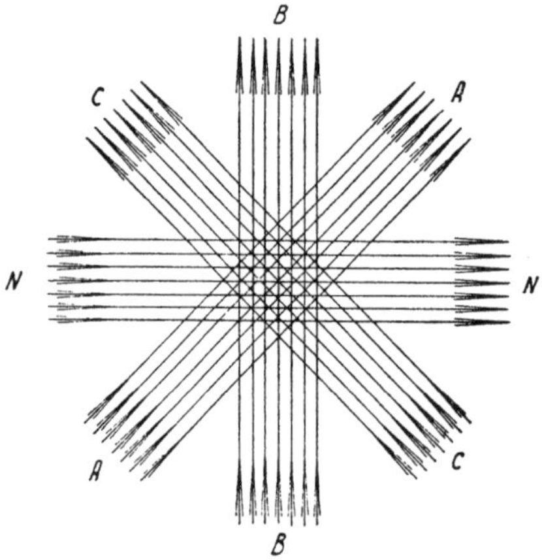

44

Diese g_∞ kommt also zu den „gewöhnlichen" Geraden der Ebene neu hinzu. Wie sehr sie zum Organismus des Raumes hinzugehört, wird sich immer mehr erweisen (vgl. z. B. damit Bilder **8** bis **10**). Im Vergleich mit den übrigen Geraden einer Ebene zeigt deren unendlichferne Gerade g_∞ merkwürdige Eigenschaften. Betrachten wir die Parallelenschar (N) in Bild **44**. Die g_∞ geht durch den unendlichfernen Punkt N, den Träger des Strahlenbüschels (N), gehört also selbst — nach Erklärung des Begriffes Strahlenbüschel — zu ihm, d. h. die g_∞ gehört der Parallelenschar (N) an, aber aus denselben Gründen *auch jeder anderen Parallelenschar.* Während also eine „gewöhnliche" Gerade eine bestimmte Richtung hat, können wir das von der g_∞ nicht sagen; sie hat überhaupt jede Richtung, da sie eben jeder Geraden der betreffenden Ebene parallel ist!

Polarität im ebenen Feld. Wir wollen weiter untersuchen, zu welchen Konsequenzen uns diese Begriffsbildung vom Unendlichfernen führt. Dabei gehen wir mehr anschaulich beschreibend vor, da es sich gerade darum handelt, mit gewissen Vorstellungen bekannt zu werden — die strengere Durchführung setzt dies voraus, insofern sie sinnvoll empfunden werden soll. Zunächst bleiben wir in der Geometrie der Ebene. Hier stehen sich die beiden Elemente Punkt und Gerade polar gegenüber, wie im Raume Punkt und Ebene. Zum Beispiel gelten da die Sätze:

Zwei Punkte lassen sich durch eine und nur eine Gerade verbinden	Zwei Geraden schneiden sich in einem und nur einem Punkte

ohne Einschränkung, d.h. es können Punkte oder eine Gerade auch unendlichferne Elemente sein.

Ferner stehen sich in der Geometrie der Ebene polar gegenüber die zwei Grundgebilde:

Die Gerade als Träger ihrer Punkte, als Punktreihe.	*Der Punkt als Träger seiner Geraden, als Strahlenbüschel.*

Ein zu sich selbst polares Gebilde in der Ebene ist das *gewöhnliche* (oder *einfache*) *ebene n-Eck:* Der Inbegriff von n in bestimmter, sich schließender Reihenfolge genommenen Punkten und der n Verbindungsgeraden je zwei aufeinanderfolgender dieser Punkte. Das entsprechend erklärte *gewöhnliche n-Seit* ist auch ein gewöhnliches n-Eck.

Durch *einen* Punkt wird eine Punktreihe nicht zerlegt, da der Zusammenhang über das Unendliche hin bestehen bleibt, wenn dieser eine Punkt nicht gerade der unendlichferne der Punktreihe ist. Durch *eine* Gerade wird ein Strahlenbüschel nicht zerlegt. Hingegen zerfällt durch

zwei Punkte einer Punktreihe diese in genau zwei Punkt-Segmente.

zwei Geraden eines Strahlenbüschels dieses in genau zwei Strahlen-Gebiete.

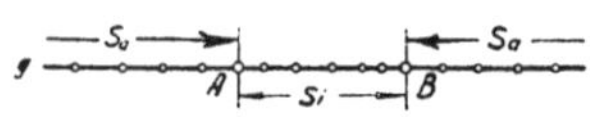

45

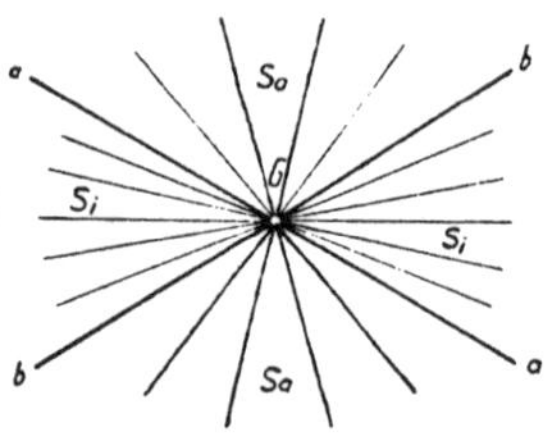

46

Drei nicht in einer Geraden liegende Punkte bestimmen genau ein gewöhnliches Dreieck, aber 8 verschiedene Dreieckszüge, d. h. Figuren, welche aus je einem Segment der drei Seiten des gewöhnlichen Dreiecks gebildet werden (Bild 47).

Drei nicht durch einen Punkt gehende Geraden bestimmen genau ein gewöhnliches Dreiseit, aber 8 verschiedene Dreiseit-Strahlengebiete, d. h. Figuren, welche aus je einem Strahlengebiet der drei Ecken des gewöhnlichen Dreiecks gebildet werden (Bild 48).

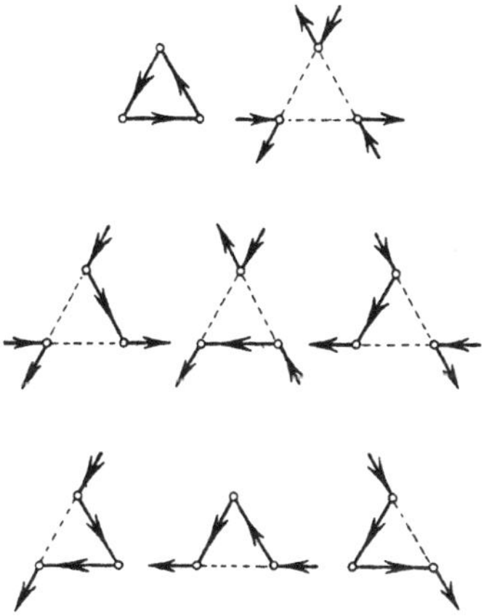

47

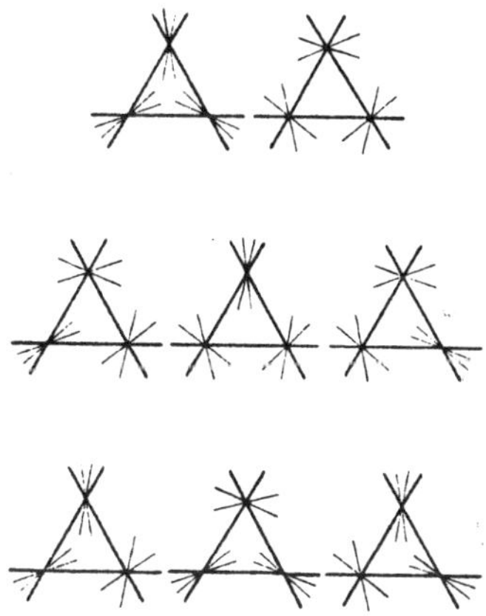

48

Vier Punkte, von denen keine drei in einer Geraden liegen, bestimmen genau drei gewöhnliche Vierecke (**49**), hingegen jedes derselben bereits 16 verschiedene Viereckszüge. In **50** sind für jedes gewöhnliche Viereck zwei Viereckszüge angedeutet.

49

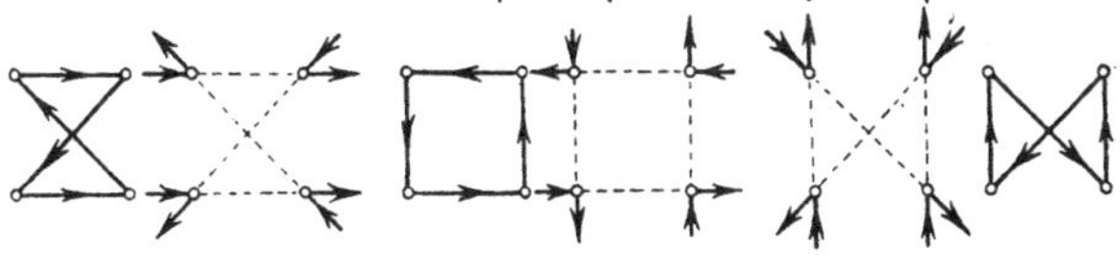

50

Fünf Punkte bestimmen genau 12 gewöhnliche Fünfecke, die z. B. in **40** angegeben wurden; jedes derselben bestimmt aber 32 verschiedene Fünfeckszüge, so daß durch fünf Punkte nicht weniger als 384 Fünfeckszüge möglich sind! Schon durch wenige Punkte ist also eine ungeheure Mannigfaltigkeit von Streckenzügen gegeben.

Entsprechendes gilt für die polaren, durch vier und fünf Geraden bestimmten Gebilde: 48 Vierseit- und 384 Fünfseit-Strahlengebiete. —

Zwei Geraden a, b der Ebene zerlegen deren Punktfeld in zwei Teile. Die Punktreihen a, b bilden die Grenzen. Zwei Punkte P, Q gehören zum selben Teil, wenn die Schnittpunkte von a, b mit $x = PQ$ beide *einem* der durch P, Q bestimmten Punktsegmente angehören.

Zwei Punkte A, B der Ebene zerlegen deren Strahlenfeld in zwei Teile. Die Strahlenbüschel A, B bilden die Grenzen. Zwei Geraden p, q gehören zum selben Teil, wenn die Verbindungsgerade von A, B mit $X = pq$ beide *einem* der durch p, q bestimmten Strahlengebiete angehören.

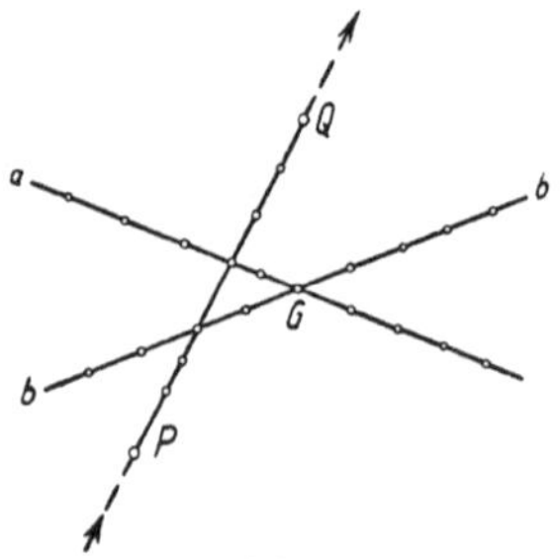

51

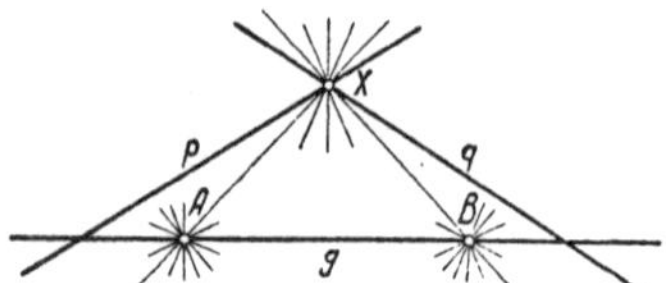

52

Die Punkte eines Teiles werden gegeben durch die Punktreihen, deren Träger *einem* der durch a, b gebildeten Strahlengebiete angehören (Bild **53**).

Die Geraden eines Teiles werden gegeben durch die Strahlenbüschel, deren Träger *einem* der durch A, B gebildeten Punktsegmente angehören (Bild **54**).

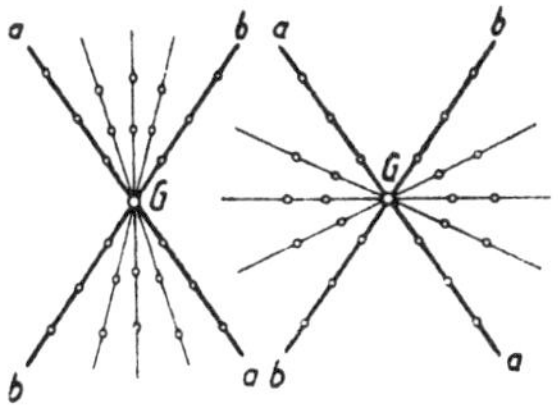

53

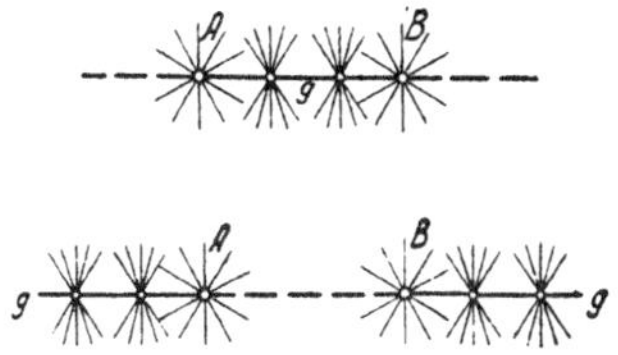

54

Drei Geraden a, b, c der Ebene, welche nicht durch einen Punkt gehen, zerlegen deren Punktfeld in vier Teile. Die Punktreihen a, b, c bilden die Grenzen. Zwei Punkte P, Q gehören zum selben Teil, wenn die Schnittpunkte von a, b, c mit $x = PQ$ alle drei *einem* der durch P, Q bestimmten Punktsegmente angehören (Bild **55**).

Drei Punkte A, B, C der Ebene, welche nicht in einer Geraden liegen, zerlegen deren Strahlenfeld in vier Teile. Die Strahlenbüschel A, B, C bilden die Grenzen. Zwei Geraden p, q gehören zum selben Teil, wenn die Verbindungsgeraden von A, B, C mit $X = pq$ alle drei *einem* der durch p, q bestimmten Strahlengebiete angehören (Bild **56**).

Später werden wir die Einteilungen des Punktfeldes oder des Strahlenfeldes durch Geraden oder Punkte strenger nach den zugrunde liegenden Urphänomenen der Anordnung untersuchen. Jedenfalls ist schon jetzt deutlich geworden, daß der wunderbare polare Aufbau der ebenen Geometrie — wie dann auch der räumlichen — nur mit Hilfe der Erkenntnis der unendlichfernen Elemente sichtbar wird. Etwas anderes ist allerdings auch schon deutlich geworden: *Unser durch die Schule erworbenes geometrisches Vorstellungsvermögen ist ganz einseitig entwickelt.* Wir denken viel mehr an das Punktfeld als an das Strahlenfeld. Die Zerlegungen des Punktfeldes durch Geraden sind uns sofort klar, während die Zerlegungen des Strahlenfeldes durch Punkte im allgemeinen noch erarbeitet werden müssen. Im Folgenden beschränken wir uns zunächst auf die einseitige Betrachtung des Punktfeldes.

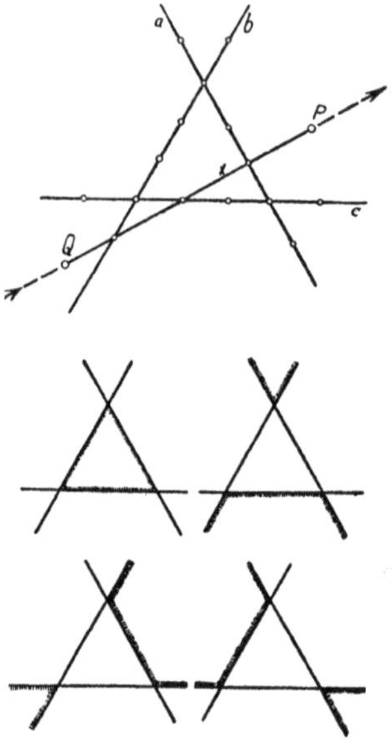

55

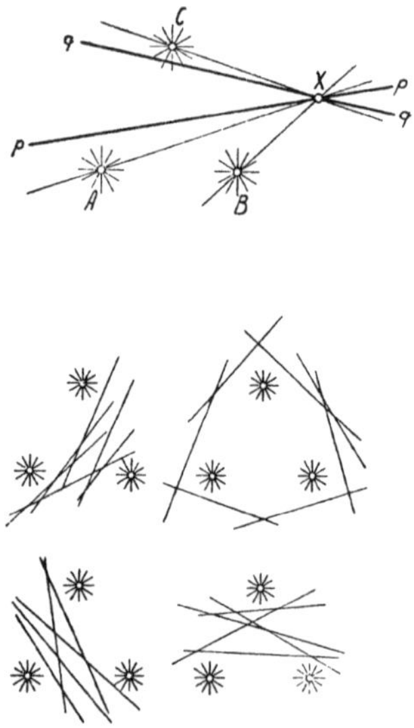

56

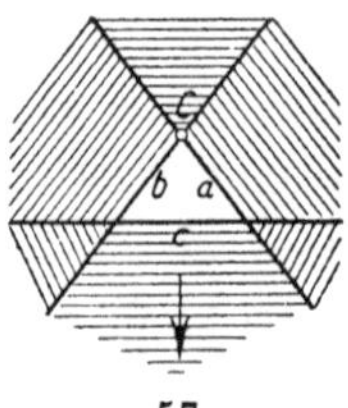

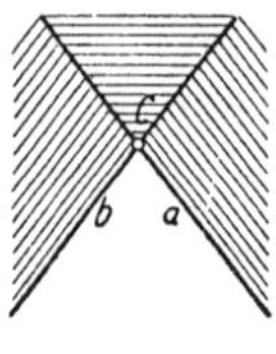

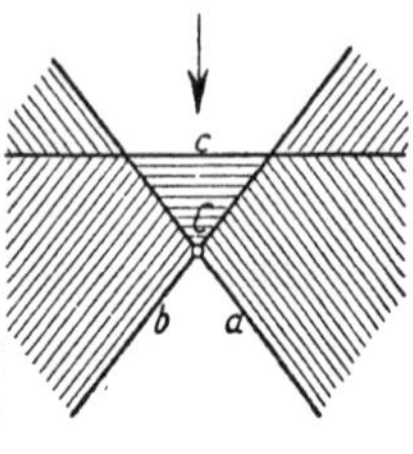

57 58 59

Bild **57** zeigt nochmals durch verschiedene Schraffur die Zerlegung des Punktfeldes durch drei Geraden in vier Gebiete, nämlich in vier Dreiecke.

Verschieben wir c in der Pfeilrichtung ins Unendliche, so erhält man die Vierteilung in **58**; kommt c „von oben“ zurück, ergibt sich **59**.

Die Bilder **60—62** zeigen denselben Prozeß, aber der Punkt $C = a\,b$ ist im Unendlichen.

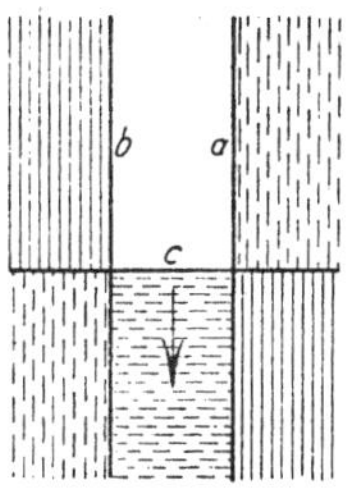

60

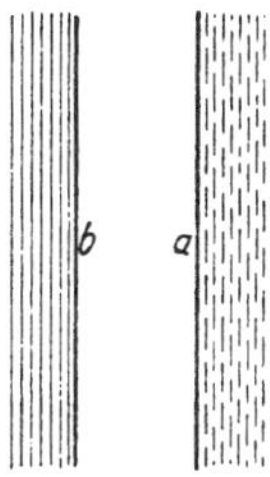

61

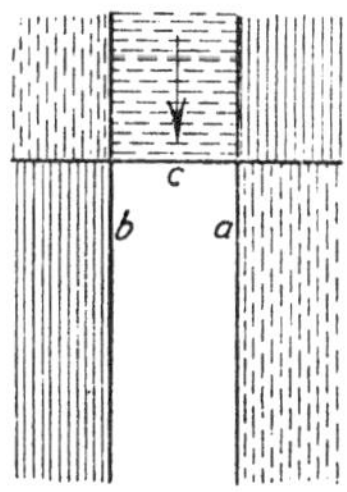

62

Nur ist im mittleren Falle, wo c die unendlichferne Gerade ist, das eine, horizontal schraffierte Gebiet zum Punkt C zusammengeschrumpft, und wir haben nur noch drei Gebiete, da die drei Geraden durch *einen* Punkt C gehen.

Vier Geraden zerlegen das Punktfeld im allgemeinen in vier Dreiecke und drei Vierecke, die Bilder **63** und **64** zeigen Beispiele dafür.

Die gewöhnliche Vorstellung liefert scheinbar ganz andere Zahlen. So sagt man, daß zwei Geraden die

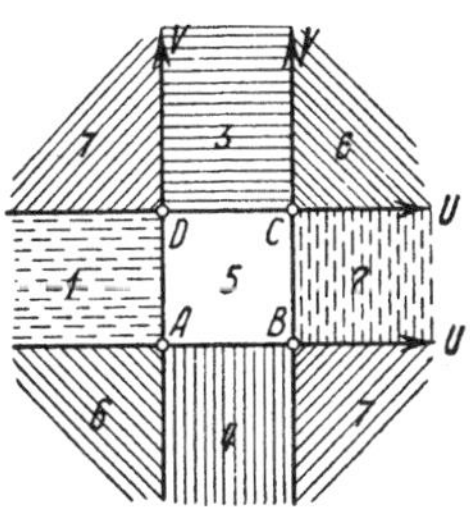

63

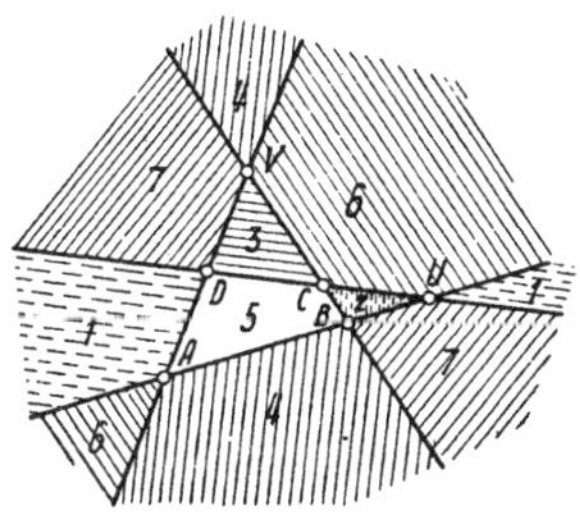

64

Ebene in vier Gebiete zerlegen. Man nimmt aber dabei, in dem der Durchgang über das Unendliche nicht zugelassen wird — die g_∞ also nicht getroffen werden darf —, stillschweigend die g_∞ der Ebene mit hinzu. Berücksichtigt man dies, so kommt man natürlich zu denselben Zahlen und muß sagen:

Eine Gerade zerlegt

zusammen mit der g_∞ das Punktfeld in 2 Gebiete.

Zwei Geraden zerlegen

zusammen mit der g_∞ das Punktfeld in 4 Gebiete.

Drei Geraden zerlegen

zusammen mit der g_∞ das Punktfeld in 7 Gebiete.

Vier Geraden zerlegen

zusammen mit der g_∞ das Punktfeld in 11 Gebiete.

Die 11 Gebiete bei 5 Geraden lassen sich aus Bild **64** sofort abzählen, wenn man als 5. Gerade die g_∞ hinzunimmt. In Bild **63** hat man nach Hinzufügen der g_∞ nur 9 Gebiete, da die vier gezeichneten Geraden und die unendlichferne Gerade g_∞ nicht allgemeine Lage haben, z. B. gehen die drei Geraden AB, CD und g_∞ alle durch den Punkt U.

Es ist nicht schwer, die Anzahl der Gebiete für irgendeine Anzahl von Geraden anzugeben.

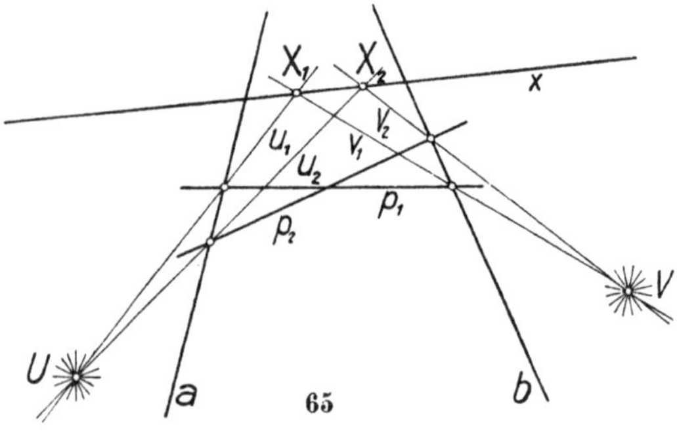

65

Um vom Gesetz der Polarität in der Ebene einen noch gründlicheren Eindruck zu bekommen, wollen wir die Betrachtungen auf S. 36 f. über die Erzeugung von Kurven durch bloßes Verbinden und Schneiden „polarisieren". Bild **65** ist — für die Geometrie der Ebene — polar zum Bild **35**. Wie dort eine Beziehung zwischen

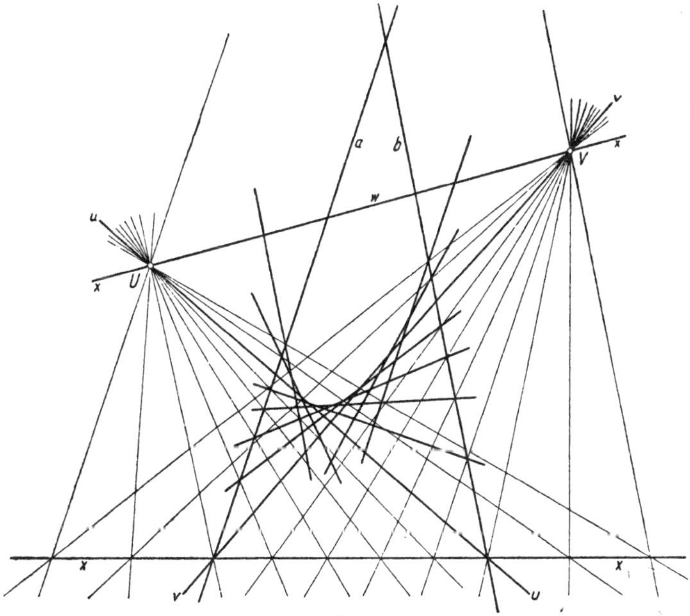

66

zwei Strahlenbüscheln *A*, *B* hergestellt wurde, so hier eine Beziehung zwischen zwei Punktreihen *a*, *b*, indem man als vermittelnde Brücke zwei Strahlenbüschel *U*, *V* und eine diese beiden in Beziehung setzende Punktreihe *x* annimmt. Diejenigen Strahlen u_1, v_1 und u_2, v_2 usw. in *U*, *V* seien einander zugeordnet, welche sich in einem Punkte X_1, X_2 ... der Punktreihe *x* schneiden. Nun ordnen wir dem Punkte $a\,u_1$ der Punktreihe *a* den Punkt

$b\,v_1$ der Punktreihe b und dem $a\,u_2$ den $b\,v_2$ usw. zu und betrachten die Gesamtheit der Verbindungsgeraden $p_1, p_2, \ldots$ der so zueinander in Beziehung gesetzten Punkte der beiden Punktreihen a, b. Sie stellen das zu der aus Punkten bestehenden krummen Linie polare, aus Strahlen bestehende Strahlengebilde dar. Bild **66** gibt eine Vorstellung davon. Unwillkürlich drängt sich dabei die vom Strahlengebilde umhüllte Kurve auf. Sie ist eine Ellipse, Parabel oder Hyperbel, welche auch unter Umständen in Geraden entarten können. Wieder kann man nachsinnen darüber, woher die vielfache Symmetrie des Strahlengebildes stammt, da doch in die Ausgangsgebilde keine Symmetrien hineingelegt wurden. Der Leser versuche, die weiteren Angaben am Schluß des 3. Abschnittes (S. **37** f.) zu polarisieren. Insbesondere studiere man den Satz:

Verwandelt sich ein bewegliches Dreiseit $u_1\,v_1\,p_1$ so, daß seine Ecken auf festen Geraden a, b, x wandern und zwei seiner Seiten (u_1, v_1) sich um feste Punkte U, V drehen, so beschreibt die dritte Seite (p_1) im allgemeinen die Tangentenfolge einer Ellipse, Parabel oder Hyperbel.

Problem: Die vom Unendlichen erworbenen Vorstellungen erlauben uns nun, einen Umstand aufzuklären, der zunächst rätselhaft erscheint und der uns zu einem bedeutsamen Ergebnis führen wird. Das Problem ergibt sich, wenn wir verfolgen, was beim Durchlaufen der Punkte einer Punktreihe und der Geraden eines Strahlenbüschels geschieht. In Bild **67** sei $p = AB$ die betrachtete Punktreihe, P das Strahlenbüschel. Wandern wir von A ausgehend längs p in der angegebenen Richtung über B, C durch das Unendliche nach D und schließlich wieder A, so scheint es zunächst selbstverständlich, zu sagen, daß wir damit die Punktreihe gerade einmal vollständig durchlaufen haben und wieder in die ursprüngliche Lage gekommen sind. Verfolgen wir jetzt die jeweils zugehörige Gerade $a = PA$. Sie durchläuft dabei in gewissem Sinne das Strahlenbüschel P gerade einmal voll-

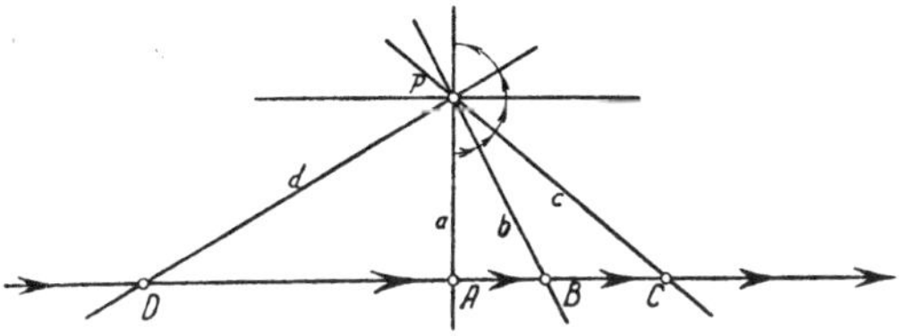

67

ständig, denn die sich bewegende Gerade kommt dabei mit *jeder* Geraden des Büschels gerade einmal zur Dekkung, indem sie eine Halbdrehung vollzieht. Anderseits können wir aber doch nicht sagen, daß die Ausgangslage erreicht sei — wie bei der Punktreihe —, denn die beiden von P ausgehenden Halbstrahlen sind vertauscht worden. Erst nach einer nochmaligen Halbdrehung ist die ursprüngliche Lage $a = PA$ erreicht. Ein voller Umlauf im Büschel scheint also hier zwei *gleichen* vollen Umläufen der Punktreihe zu entsprechen. Das würde aber heißen, daß die Gebilde Punktreihe und Strahlenbüschel in der Ebene sich nicht durchwegs polar zueinander verhalten, wie es in anderem Zusammenhang auf den letzten Seiten sich ergab. Damit ist der erwähnte Umstand erläutert, dem wir nun auf die Spur kommen wollen.

Wir führen dazu — hier rein aus der Anschauung heraus — den Begriff „Umgebung" ein:

Die Umgebung eines Punktes P innerhalb der Punktreihe a besteht aus allen Punkten, welche *a*	*Die Umgebung einer Geraden p innerhalb des Strahlenbüschels A* besteht aus allen Geraden, welche

angehören und zu P benachbart sind. Sie wird durch P in zwei Hälften zerlegt.

A angehören und zu p benachbart sind. Sie wird durch p in zwei Hälften zerlegt.

68

Mit Hilfe dieser Begriffsbildung kann man nun den obigen Tatbestand so aussprechen:

Nach einer Halbdrehung im Büschel P von der Anfangslage a aus kommt man zwar wieder auf die Gerade a zurück, aber die beiden Hälften der Umgebung von P innerhalb der Punktreihe a werden ausgetauscht, erst bei einer nochmaligen Halbdrehung ergibt sich auch in Anbetracht der Umgebung die ursprüngliche Lage.

Polar dazu muß es also heißen:

Nach einem Umlauf in der Punktreihe p von der Anfangslage A aus kommt man zwar wieder auf den Punkt A zurück, aber die beiden Hälften der Umgebung von p innerhalb des Strahlenbüschels A werden ausgetauscht, erst bei nochmaligem Umlaufen ergibt sich auch in Anbetracht der Umgebung die ursprüngliche Lage.

Hier zeigt sich wieder eine schon öfters erwähnte Schwierigkeit: Die Punkte einer Punktreihe anerkennen wir ohne weiteres als Teile ihres Trägers, und beim Drehen einer Geraden nehmen wir deren Teile mit. Wollen wir unbefangen Geometrie treiben, so haben wir eben auch polar dazu die Geraden eines Strahlenbüschels als Teile ihres Trägers (also eines Punktes) zu betrachten und beim Wandern eines Punktes längs einer Punktreihe dann auch seine Teile mitzunehmen.

Fassen wir die Gerade bloß als Element ins Auge, ohne auf deren Teile zu sehen, so führt eine Halbdrehung in die ursprüngliche Lage zurück.

Fassen wir den Punkt bloß als Element ins Auge, ohne auf dessen Teile zu sehen, so führt ein Umlauf in die ursprüngliche Lage zurück.

Berücksichtigen wir bei der Drehung der Geraden auch ihre Teile, so ist noch näher anzugeben, *wie* sie mitgenommen werden. Man denkt sich z. B. die Punktreihe starr, so daß die einzelnen Punkte Kreisbögen beschreiben. So müssen wir uns auch fragen, wie die Umgebung von p in A mitgenommen werden soll. Wir stellen folgende Anforderungen an die Art und Weise des Mitnehmens:

Die Punkte der Umgebung von P in der Anfangslage a bleiben in jeder Lage der das Büschel P durchlaufenden Geraden in der Umgebung von P, und die anfangs vorhandene gegenseitige Anordnung dieser Punkte bleibt erhalten.

Die Geraden der Umgebung von p in der Anfangslage A bleiben in jeder Lage des die Punktreihe p durchlaufenden Punktes in der Umgebung von p, und die anfangs vorhandene gegenseitige Anordnung dieser Geraden bleibt erhalten.

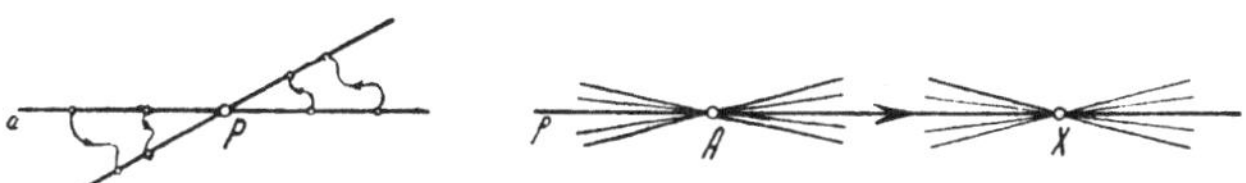

69

Die betrachteten Umgebungen können also in ziemlich hohem Grade in sich beweglich sein, ohne daß sie aufhören, den verlangten Anforderungen zu genügen. Aber die beiden Hälften der Umgebung bleiben in jeder Lage gesondert.

Durchläuft die Gerade das Büschel P, so beschreiben die Punkte der Umgebung von P in der Geraden gewisse Kurven. In Bild **69** sind diese angedeutet.

Durchläuft der Punkt die Punktreihe p, so beschreiben die Geraden der Umgebung von p in dem Punkte gewisse Strahlengebilde. Der Übersicht wegen sind diese in Bild **69** nicht angegeben.

Nun haben wir die Vorstellungen gewonnen, den Seite 56 zunächst nur formal gebildeten Satz aus der Anschauung heraus vollständig zu begreifen. Man vergleiche dazu jede Einzelheit in Bild **70** (Durchlaufen eines Strahlenbüschels P in Anbetracht der Umgebung von P) mit der entsprechenden in Bild **71** (Durchlaufen einer Punktreihe p in Anbetracht der Umgebung von p). Man sieht nun sehr schön in **71**, daß bei Berücksichtigung der Umgebung das vollständige Durchlaufen einer Punktreihe eben aus zwei scheinbar ganzen Umläufen besteht. Ausgehend von A über X_1, X_2, X_3 nach A zurück, hat die Gerade x der Umgebung von p innerhalb A die Lage x' angenommen, die beiden Hälften der Umgebung sind vertauscht. Erst bei einem nochmaligen Durchgang von A über X_1, X_2, X_3 nach A zurück haben wir auch bezüglich der Umgebungen die Anfangslage wieder erreicht.

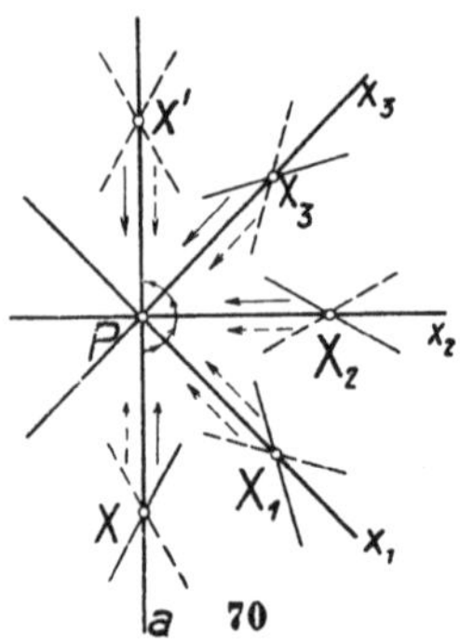

70

71

Um diesen Sachverhalt möglichst anschaulich auszusprechen, denken wir uns die Gerade p als Mittellinie eines Bandes, das wir aus der Ebene ausschneiden wollen. Ein Parallelstreifen $\equiv p$ eignet sich dafür nicht, denn im Unendlichen ist der Streifen ja nur mittels eines einzigen Punktes geschlossen. Um ein Band der Ebene zu bekommen, das sich nirgends auf einen Punkt zusammenschnürt, nehmen wir die Umgebung der Geraden p in einem ihrer Punkte A und erweitern durch geeignete Kurvenzüge die Einschnürung bei A wie in Bild 72.

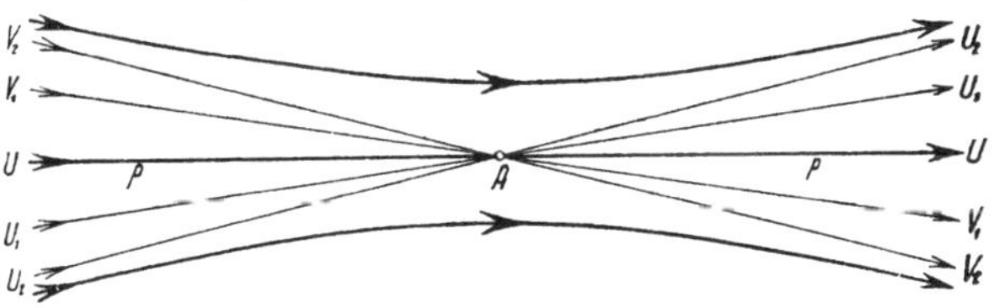

72

Durchläuft man den Rand dieses Bandes, so sieht man — U_1, U_2, U, V_1, V_2 sind unendlichferne Punkte —, daß der Rand nur aus *einer* geschlossenen Kurve besteht! Wir können uns eine Art Modell dieses Bandes leicht herstellen, das ganz im Endlichen liegt, aber *gerade des-*

73

halb gewisse andere, auch wesentliche Eigenschaften des betrachteten Ebenenteils nicht zum Ausdruck bringt. Man braucht bloß die schmalen Seiten eines rechteckigen Streifens so zusammenzukleben, daß die in Figur **73** gleichbezeichneten Punkte miteinander zur Deckung kommen. Das läßt sich durch eine Verdrehung des Streifens in sich um 1 · 180°, 3 · 180°, 5 · 180°, ... erreichen. Wir denken uns ein *einmal* verdrehtes geschlossenes Band (Bild **74**), das uns ein Modell des *Punktzusammenhanges* des betrachteten Ebenenstückes darstellt. Man nennt es ein „*Moebius'sches Band*“, da der für die Entwicklung der neueren Geometrie so bedeutende Astronom und Mathematiker *August Ferdinand Moebius* (1790—1868) im Jahre 1858 als einer der ersten dessen merkwürdige Eigenschaften erkannte. Denken wir uns die Umgebung eines Punktes auf dem Band, so hat diese Scheibe (Bild **74**) wohl zwei verschiedene Seiten, z.B.

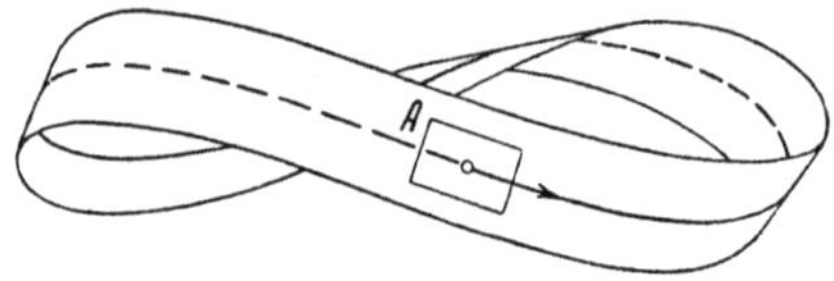

74

eine vordere und eine hintere. Untersuchen wir aber das *vollständige Band*, so wird es sinnlos, von zwei verschiedenen Seiten zu sprechen. Ist A ein Punkt auf der Vorderseite der Scheibe, $\bar{A}$ ein Punkt auf der hinteren Seite der Scheibe, so kann man ohne weiteres von A nach $\bar{A}$ gelangen, *ohne den Rand jemals zu überschreiten. Das Band — das Original wie das Modell — als Ganzes ist also einseitig.* In der Anschauung vermögen wir immer nur ein endliches Stück des vollständigen Bandes der Ebene (**72**) zu überschauen. Bei einem solchen im Endlichen liegenden Ausschnitt können wir also im folgenden immer von zwei Seiten (vordere und hintere) sprechen. Durchlaufen wir nun am Modell*) Bild **74** und in Bild **72** die Mittel-

*) Der Leser möge auf keinen Fall versäumen, einen Streifen in der angegebenen Art zu schließen. Dabei führe man auch folgende Versuche durch und denke sich diese entsprechend im Ori-

linie p in der Pfeilrichtung. Von A auf der Vorderseite**) ausgehend, kommen wir nach einem gewöhnlichen Durchlaufen der Punktreihe auf die Hinterseite; ein vollständiger Umlauf der Punktreihe — bei Beachtung der Umgebung — setzt sich also aus zwei gewöhnlichen Umläufen zusammen. *Bei einem Durchgang durch das Unendliche kommt man immer auf die andere Seite!* Wir sehen, das Moebius'sche Band als Modell erlaubt uns, diesen schon auf ganz anderem Wege erhaltenen Sachverhalt mit den Vorstellungen „vordere und hintere

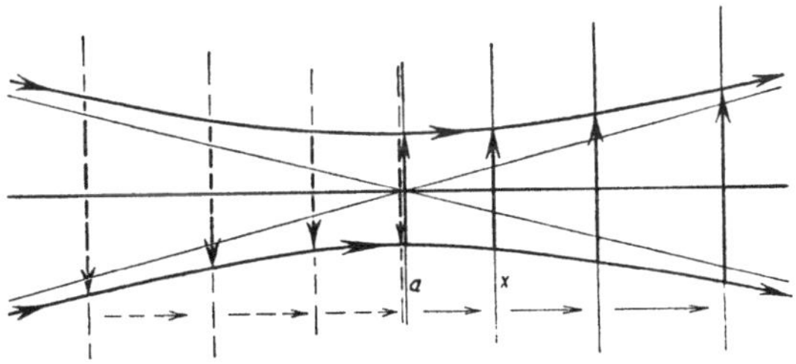

75

Seite" besonders anschaulich — wohl auch bequem — auszusprechen. Einige Bilder sollen dies noch näher zeigen. In Bild **75** durchläuft eine Gerade x von der Anfangslage a aus ein Parallel-Strahlenbüschel und überstreicht dabei ein ebenes Band. Die vom Band aus a geschnittene endliche Strecke sei nach oben gerichtet. Verfolgt man diese nach rechts hin über das Unendliche, so weist sie beim Zurückkommen von links her jetzt

ginal: Schneide ein Moebiusband längs seiner Mittellinie auf; in dem Gebilde, das sich dabei ergibt, zeichne man wieder die Mittellinie ein und schneide längs dieser auf. Dabei wird man die Empfindung des Erstaunens recht gut üben können. —

**) Wie schon im Text gesagt, bezieht sich „vorn", „hinten" jetzt — wie auch im Folgenden — immer auf einen *endlichen* Ausschnitt der Ebene.

nach unten; denkt man sich anfangs die Strecke auf der Vorderseite, so ist sie jetzt auf der Rückseite. Bis jetzt ist also die rechte vordere und linke hintere Seite überstrichen worden. Erst beim nochmaligen Durchlaufen ist das Band vollständig überdeckt. Entsprechendes gilt natürlich beim Durchlaufen des Parallelbüschels bezüglich der *ganzen Ebene, welche also eine einseitige* Fläche darstellt. Dies wurde erst um 1874 von den Mathematikern *F. Klein* und *L. Schläfli* klargestellt.

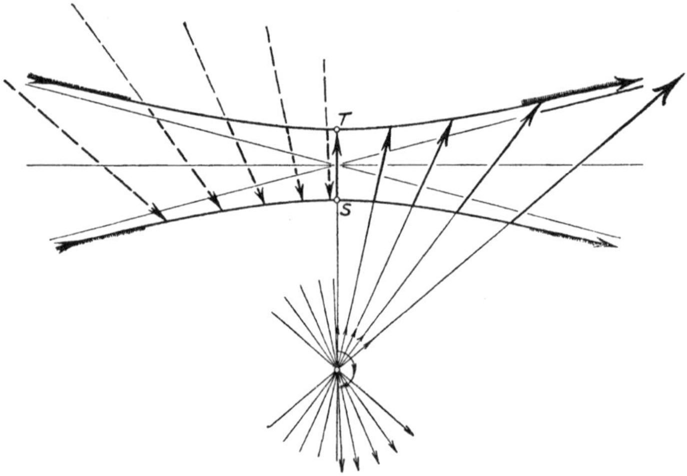

76

Bild **76** stellt im wesentlichen dasselbe dar, nur ist der Träger des Strahlenbüschels ein endlicher Punkt; wieder sind die auf der vorderen Seite verlaufenden Geradenstücke ganz ausgezogen, die auf der hinteren Seite verlaufenden nur gestrichelt.

Ziehen wir den Scheitel *T* der hyperbelähnlichen Figur in **76** nach oben über das Unendliche durch und von unten wieder zurück, während *S* festbleiben soll, so ergibt sich Bild 77.

Hier ist der geeignete Ort, eine Bemerkung über die hyperbelförmige, aus scheinbar zwei unzusammenhängenden Ästen bestehende Figur einzufügen. Denkt man sich den einen Ast auf der Vorderseite*), so kommt der andere notwendig auf die Hinterseite zu liegen und müßte konsequenterweise dann gestrichelt sein wie in Bild 78. Durchläuft man das vordere*) ausgezogene Kurvenstück in der Pfeilrichtung und denkt sich den rechterhand liegenden Ebenenteil als *Innenfläche* der Hyperbelfigur, so stimmt dies auch wieder beim Zurückkommen durch das Unendliche, wenn man eben bedenkt, daß man auf der hinteren Seite einhergeht.

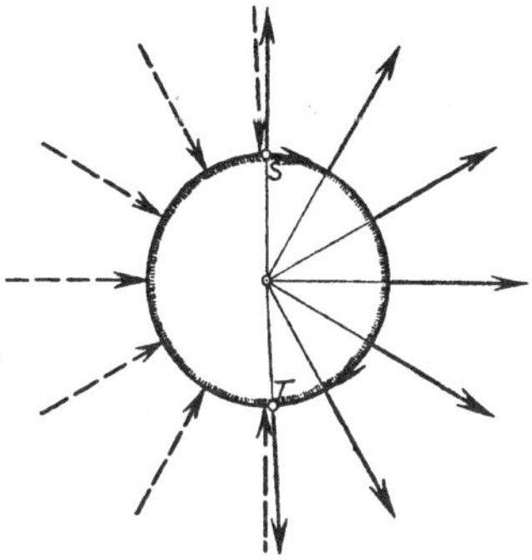

77

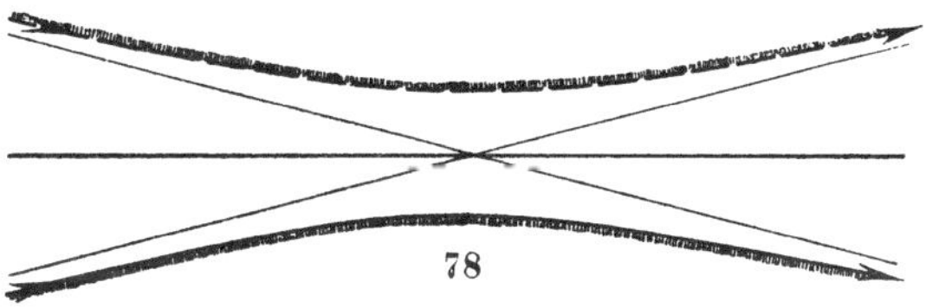

78

In Bild 79 hat sich der Kreis in 77 auf einen Punkt zusammengezogen, und das Durchlaufen eines Strahlenbüschels kann nun folgendermaßen beschrieben werden: Ist *a* die Anfangslage und der nach oben von *P* bis ins

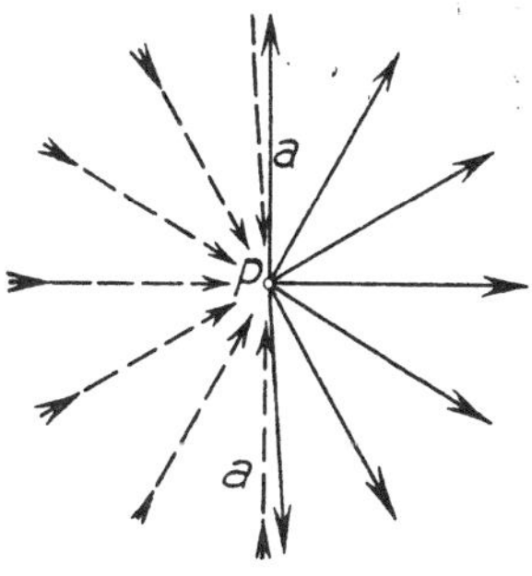

79

*) Beachte die Anmerkung **) auf Seite 61.

Unendliche gehende Halbstrahl vorn, so kommt seine vom Unendlichen her zurücklaufende Verlängerung auf die hintere Seite. Nach einer Halbdrehung kommt die bewegliche Gerade in gewisser Hinsicht wohl wieder zur Deckung mit der Ausgangslage, aber die von P ausgehenden Halbstrahlen und vordere und hintere Seite sind vertauscht. Erst nach zwei Halbdrehungen der Geraden hat man die *ganze einseitige Ebene* überstrichen.

Lassen wir aber nur einen Halbstrahl, einen Zeiger, eine volle Drehung ausführen, so bekommen wir das, was man sich unter einem Strahlenbüschel üblich vorstellt:

Einen von einem Mittelpunkt nach allen Richtungen hin nach außen strahlenden Stern (80).

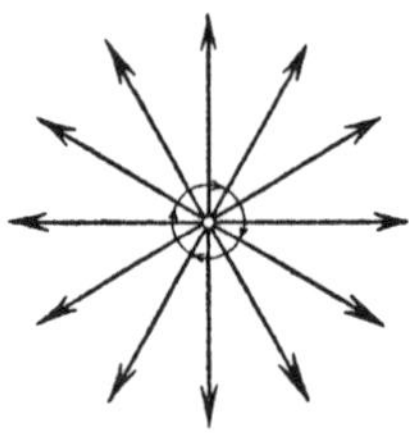

80

81

Wir können aber jetzt begreifen, daß dies nicht die Totalität des Strahlenbüschels darstellt, sondern nur die eine Seite. Die andere Seite ergibt sich, wenn wir die Halbstrahlen vom Unendlichen her ergänzen (81):

Ein vom Unendlichen aus allen Richtungen her nach innen strahlender Stern.

Wir können diese beiden Vorstellungen in folgender Art ineinander überführen: Vom Mittelpunkt (80) ausgehend denken wir Licht nach allen Richtungen ausstrahlen bis zur unendlichfernen Geraden; gehen wir weiter, so kommt es aus dem Unendlichen auf der anderen Seite wieder zurück zum Mittelpunkt, und der Vorgang kann von neuem beginnen. —

Übungen: Bevor wir das Unendlichferne des Gesamtraumes betrachten, wollen wir einige Übungen hier einschalten. Zunächst einige Beispiele dazu, wie sehr sich die neu erworbenen Vorstellungen im Zusammenhange mit dem im ersten Abschnitt erwähnten, allerdings noch nicht bewiesenen Desargues'schen Satze bewähren. Der Satz behauptet:

Gehen die Verbindungsgeraden sich entsprechender Ecken zweier einander zugeordneter Dreiecke durch einen Punkt, so liegen die Schnittpunkte sich entsprechender Seiten in einer Geraden.

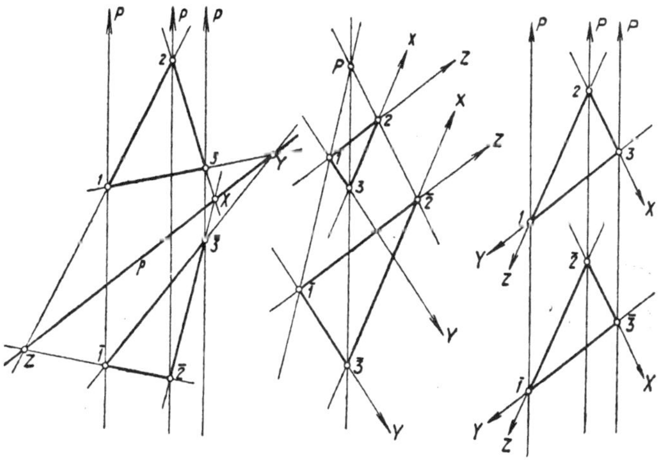

82 83 84

In Bild 82 ist der Punkt P, durch den die Verbindungsgeraden sich entsprechender Punkte gehen, im Unendlichen.

In Bild 83 ist die Gerade p, in der die Schnittpunkte

sich entsprechender Seiten liegen, im Unendlichen, die Dreiecke haben *gleiche Form.*

In Bild **84** sind P und p im Unendlichen, die Dreiecke haben *gleiche Form und Größe.*

In Bild **85** ist das Dreieck 1 2 3 ein besonderes: die Ecke 3 liegt im Unendlichen. Die Verbindungsgeraden $1\,\bar{1}$, $2\,\bar{2}$, $3\,\bar{3}$ gehen durch den Punkt P. Die Schnittpunkte $X = (2\,3, \bar{2}\,\bar{3})$, $Y = (3\,1, \bar{3}\,\bar{1})$, $Z = (1\,2, \bar{1}\,\bar{2})$ sich entsprechender Seiten liegen in einer Geraden p.

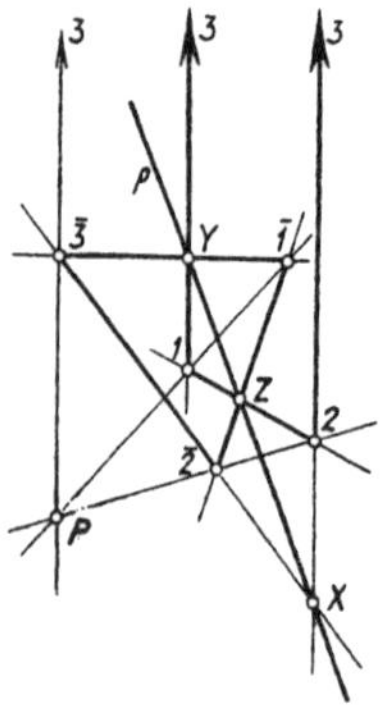

85

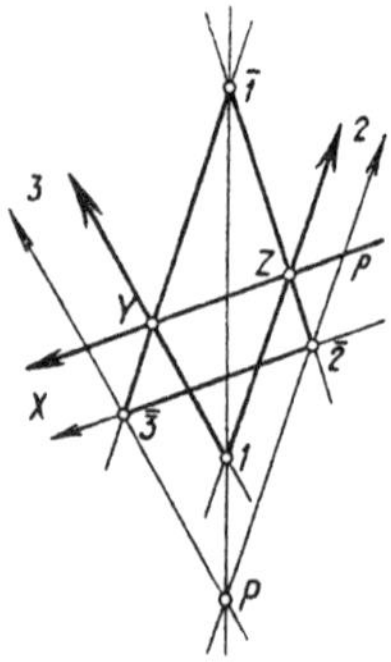

86

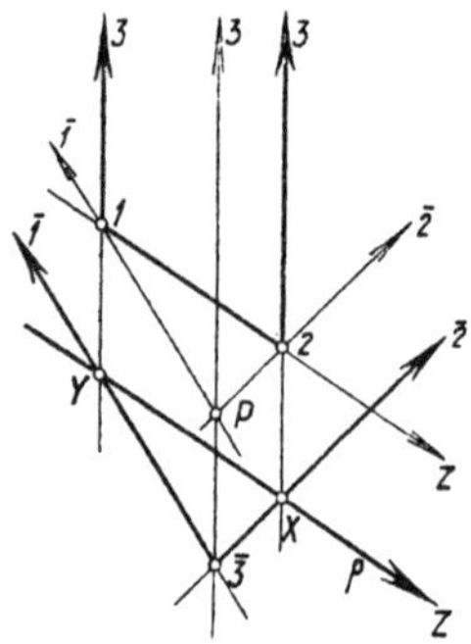

87

In Bild **86** ist die Seite 2 3 des Dreiecks 1 2 3 die unendlichferne Gerade. Wieder liegen die Punkte X, Y, Z in einer Geraden p, wobei X im Unendlichen liegt, d.h. $Y\,Z$ und $\bar{2}\,\bar{3}$ sind parallel.

In Bild **87** sind beide Dreiecke ausgeartet: Die Ecke 3 des einen Dreiecks und die Seite $\bar{1}\,\bar{2}$ des anderen Dreiecks liegen im Unendlichen. Wieder aber liegen die Schnittpunkte X, Y, Z sich entsprechender Seiten in einer Geraden! —

Die folgenden Bilder werden uns noch vertrauter machen mit der Idee der unendlichfernen Geraden der Ebene. Die strengen Beweise für die dabei zu berührenden Tatsachen geben wir hier noch nicht. Wir wollen die Konstruktionen nur schildern, so daß ein jeder sich die auftretenden Kurven selbst konstruieren kann. Die Hauptsache ist zunächst die, daß wir zu gewissen Vorstellungen kommen. In Bild 88 denken wir uns einen Punkt Z, der sich zu immer größeren Kreisen ausweitet. Was wird aus dem Kreis, wenn der Radius unbegrenzt zunimmt? Jedenfalls wird dabei jeder Punkt der unendlichfernen Geraden g_∞ der Ebene doppelt bedeckt, denn die Punkte P,Q z.B. gehen gegen denselben unendlichfernen Punkt hin. Um die Verhältnisse besser zu überschauen, geben wir eine Konstruktion an, mit welcher aus einem der Kreise, etwa K, alle übrigen erhalten

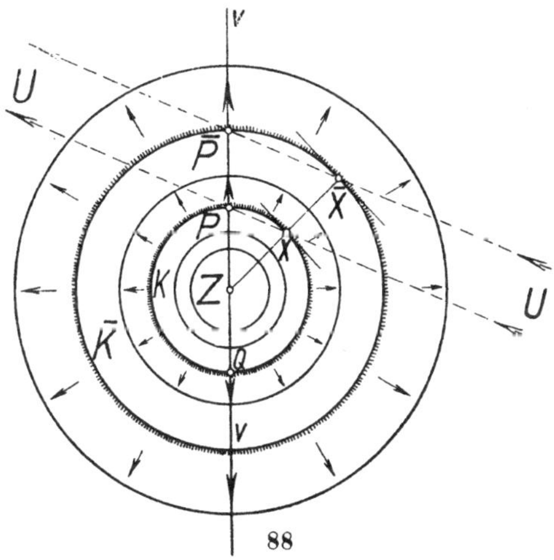

88

werden können, wenn wir jeweils noch den dem Punkte P entsprechenden Punkt $\overline{P}$ eines solchen Kreises vorschreiben. Ist X irgend ein Punkt von K, so verbinde man X mit P und ziehe zu PX die Parallele $\overline{P}\,U$, welche die Gerade ZX in $\overline{X}$ schneidet. $\overline{X}$ ist dann ein Punkt des Kreises $\overline{K}$ durch $\overline{P}$, weil die Dreiecke ZPX und

$Z\overline{P}\,\overline{X}$ gleiche Form haben. Durchläuft X den Kreis K und führen wir immer diese Konstruktion durch, so durchläuft U die unendlichferne Gerade g_∞ und $\overline{X}$ den Kreis $\overline{K}$. Lassen wir schließlich auch $\overline{P}$ auf der Vertikalen v wandern, so bekommen wir so die ganze Schar der konzentrischen Kreise aus dem festgewählten Kreis K.

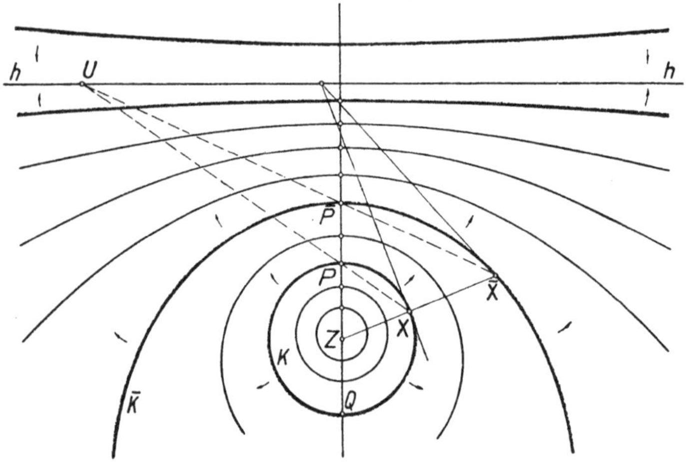

89

In Bild **89** sind nun genau dieselben Konstruktionen vorgenommen worden mit dem Kreise K, *nur durchläuft der Punkt U dabei nicht die g_∞, sondern die durch das Endliche verlaufende horizontale Gerade h.* Indem wir so die unendlichferne Gerade von Bild 88 ins Endliche hereingezerrt haben zur Geraden h in 89, werden die Dreiecke ZPX, $Z\overline{P}\,\overline{X}$ nicht mehr ähnlich, und die Schar konzentrischer Kreise wird verzerrt in eine Schar, bestehend aus Ellipsen, Hyperbeln und einer Parabel als Übergangsform. Sie ist also folgendermaßen konstruiert: Zuerst wird der Kreis K und die Gerade h angenommen. Dann wähle man auf v einen Punkt $\overline{P}$ und bestimme zu einem Punkt X auf K den entsprechenden $\overline{X}$. Läßt man X auf K wandern, so ergibt sich dann die ganze Kurve $\overline{K}$. Durch verschiedene Wahl von $\overline{P}$ erhält man die ganze Schar. (Im Bild ist auch angedeutet, wie man die Tangente an die Kurve $\overline{K}$ in $\overline{X}$ aus der entsprechenden Tangente an K bekommen kann.)

Der Mittelpunkt Z wird zunächst zu immer größer werdenden Ellipsen ausgeweitet. Kommt Q nach unten ins Unendliche, so wird aus der Ellipse eine Parabel. Dann kehrt Q von oben her zurück, während P noch immer ansteigt; das ergibt Hyperbeln, welche immer flacher werden und schließlich in die im Bild doppelt bedeckte Gerade h ausarten. Durch die Schraffur ist angedeutet, wie die Außenseite des Kreises K sich gegen die Gerade h hin anschmiegt. Entfernen wir h etwa nach oben wieder ins Unendliche, so erhalten wir wieder die Kreisschar 88. Bild **89** gibt uns also eine gewisse Vorstellung, wie die Kreisschar sich im Unendlichfernen verhält. *Beide Bilder zeigen auch, wie ein Punkt in eine Gerade metamorphosiert werden kann.* —

Eine andere Metamorphose wird in Bild **90** dargestellt: Eine Schar von Kreisen, die alle die horizontale Gerade t im Punkt Z berühren. Vom Punkt Z angefangen werden die Kreise mit nach unten auf v wanderndem Mittelpunkt immer größer; kommt der Mittelpunkt von oben her zurück, so biegen sich die Kreise bei Z nach oben um und ziehen sich wieder zusammen. *Dabei ist die Innenfläche des Kreises K zur Außenfläche des Kreises K^* geworden, und die bei K zentrifugal gerichteten Pfeile sind dabei zu zentripetal gerichteten geworden.* Wie verhält sich der sich verwandelnde Kreis in der Zwischenlage bei unendlich fernem Mittelpunkt? Man wird zunächst vermuten, er arte aus in die Gerade t. Die genauere Betrachtung zeigt aber, daß dies nicht ganz richtig ist. Zuerst geben wir wieder eine Konstruktion an, durch die man alle Kreise der Schar aus einem einzigen, etwa aus dem Kreise K,

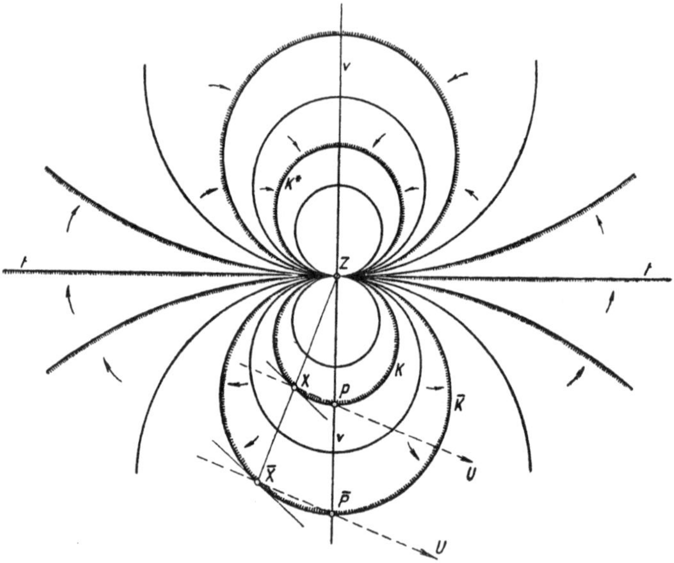

90

ableiten kann. Man wähle dazu $\overline{P}$ auf v beliebig und nehme auf K irgend einen Punkt X an. Jetzt konstruiere man den entsprechenden Punkt $\overline{X}$ als Schnittpunkt der zur Verbindungsgeraden $P X$ parallelen Geraden $\overline{P}\,U$ mit dem Strahl $Z\,X$. Beschreibt X den Kreis K, so durchläuft der so bestimmte entsprechende Punkt $\overline{X}$ einen Kreis $\overline{K}$ durch $\overline{P}$, denn die Dreiecke $Z\,P\,X$ und $Z\,\overline{P}\,\overline{X}$ haben gleiche Form. Der unendlichferne Schnittpunkt U von $P\,X$ mit $\overline{P}\,\overline{X}$ durchläuft die unendlichferne Gerade der Ebene. Läßt man nun $\overline{P}$ auf v von Z nach unten und von oben wieder zurück wandern, so erhält man die ganze Kreisschar.

In Bild **91** sind mit dem Kreis K genau dieselben Konstruktionen vorgenommen worden, *nur durchläuft jeweils der Punkt U nicht die g_∞, sondern die durch das Endliche laufende horizontale Gerade h.* Durch das Hereinzerren der unendlichfornen Geraden in Bild **90** zur Geraden h in **91** sind die Dreiecke $Z\,P\,X$ und $Z\,\overline{P}\,\overline{X}$ nicht mehr formgleich, und die Kreisschar erscheint verzerrt

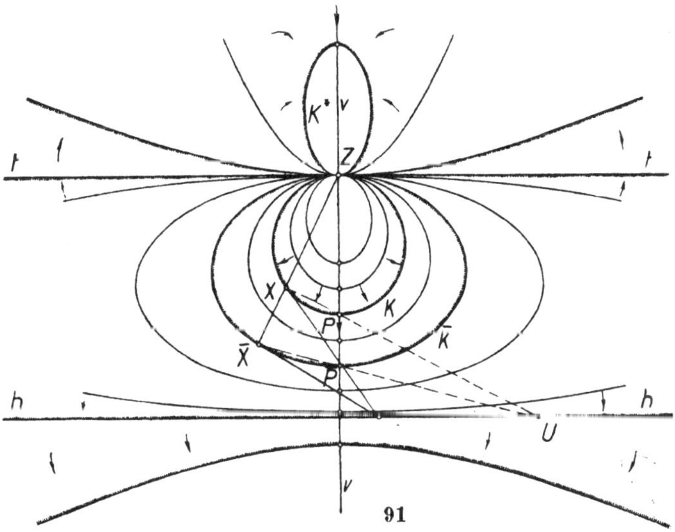

91

als eine Schar, bestehend aus Ellipsen, Hyperbeln und zwei Übergangsformen: einer Parabel und *dem Geradenpaar* (t, h). Diese Schar ergibt sich also folgendermaßen: Hat man K, h, Z und P auf K angenommen, so wähle man auf $v = Z\,P$ einen beliebigen Punkt $\overline{P}$ und konstruiere zu dem auf K wandernden Punkt X jeweils den entsprechenden Punkt $\overline{X} = (Z\,X, \overline{P}\,U)$; so ergibt sich die Kurve $\overline{K}$. Durch verschiedene Wahl von $\overline{P}$ auf v

erhält man auch verschiedene Kurven der Schar. (Wieder ist die Tangentenkonstruktion angedeutet.)

Aus dem Punkte Z quellen nach unten immer größer werdende Ellipsen hervor, welche sich schließlich zum Kreis K weiten, breiter und breiter werden und dann ausarten in das Geradenpaar (t, h). Die Geraden biegen sich zu Hyperbelästen, und diese Hyperbeln verwandeln sich bei weiter nach unten gehenden und oben wieder zurückkommenden $\overline{P}$ über die Zwischenform der Parabel in immer kleiner werdende Ellipsen, welche sich zuletzt in den Punkt Z zusammenziehen. Wieder kann man verfolgen, wie das *Innere z. B. von K zum Äußeren z. B. von K** wird.

Lassen wir die Gerade h sich nach unten ins Unendliche entfernen, so wird aus Bild **91** wieder die Kreisschar in Bild **90**. Sachgemäß muß man also sagen: Im Grenzfall entartet der Kreis in **90** zu einem *Geradenpaar, nämlich zur Tangente t und der unendlichfernen Geraden der Ebene.* —

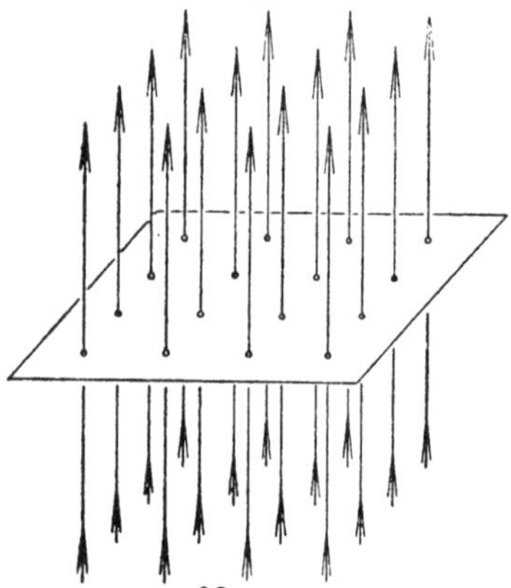

92

Die unendlichferne Ebene des Raumes. Jetzt wollen wir das Unendlichferne des Raumes untersuchen. Jede Gerade des Raumes geht durch genau einen unendlichfernen Punkt, jede Ebene des Raumes durch genau eine unendlichferne Gerade. Alle Geraden, die zu einer festen Geraden parallel laufen, z. B. alle vertikalen Geraden in Bild **92** bilden ein besonderes *Strahlenbündel,* nämlich eines mit unendlichfernem Trägerpunkt. Alle Ebenen, die zu einer festen Ebene parallel laufen, z. B. alle horizontalen Ebenen, bilden ein besonderes *Ebenenbüschel*, nämlich eines mit unendlichferner Trägergeraden. Bild **93** soll den Übergang eines gewöhnlichen Ebenenbüschels mit dem Träger g in eine Parallel-Ebenenschar andeuten. Entfernt sich g in der angegebenen Richtung nach links,

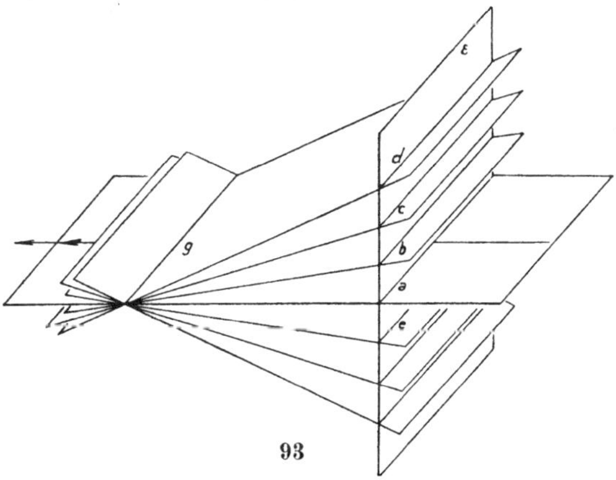

93

während die Vertikalebene ε und die in ihr liegenden Geraden $a, b, c, d, e, \ldots$ fest bleiben, so erhält man im Grenzfall die Parallel-Ebenenschar. Alle Ebenen einer solchen Schar haben gleiche *Stellung* im Raum. Die Aussagen „*zwei Ebenen haben gleiche Stellung*“ (sind parallel) und „*zwei Ebenen gehen durch dieselbe unendlichferne Gerade*“ folgen auseinander. Eine gegebene Stellung im Raume bestimmt genau eine unendlichferne Gerade. Umgekehrt ist durch eine unendlichferne Gerade genau eine Stellung im Raume bestimmt, nämlich die Stellung aller derjenigen parallelen Ebenen, die durch diese unendlichferne Gerade hindurchgehen. Entsprechend folgen die beiden Aussagen „*zwei Geraden haben die gleiche oder entgegengesetzte Richtung*“ (sind parallel) und „*zwei Geraden gehen durch denselben unendlichfernen Punkt*“ auseinander.

Welche Figur wird nun von den unendlichfernen Punkten und Geraden des Raumes gebildet? Betrachten wir dazu eine beliebige Ebene. Sie hat mit dieser Figur genau eine Gerade, nämlich ihre unendlichferne Gerade, gemeinsam. Ferner hat jede Gerade, die nicht dieser Figur angehört — also keine unendlichferne Gerade ist — mit dieser genau einen Punkt, nämlich ihren unendlichfernen Punkt, gemeinsam. Schauen wir uns im Endlichen um, welche Gebilde die Eigenschaften besitzen, mit jeder Ebene und jeder Geraden, die außerhalb des Gebildes verläuft, genau eine Schnittgerade und genau einen Schnittpunkt gemeinsam zu haben, so finden wir nur die Ebene. Es ergibt sich uns so die Idee:

Die unendlichfernen Punkte und Geraden des Raumes liegen in der unendlichfernen Ebene ε_∞ *des Raumes.*

Diese Ebene ε_∞ kommt zu den bisherigen „gewöhnlichen" Ebenen neu hinzu. Sie hat gegenüber diesen merkwürdige Eigenschaften. Da das Ebenenbüschel erklärt wurde als Gesamtheit *aller* derjenigen Ebenen, die durch eine Gerade (ihren Träger) gehen, *gehört die* ε_∞ *jeder beliebigen Parallel-Ebenenschar an.* Denn die ε_∞ geht durch den unendlichfernen Träger eines solchen Büschels paralleler Ebenen. *Die* ε_∞ *hat also gar keine bestimmte Stellung im Raume, sondern jede beliebige!*

Erst jetzt haben wir den Gesichtspunkt erreicht, von dem aus die in den vorhergehenden beiden Abschnitten besprochenen gegenseitigen Beziehungen des

„liegen in"	„gehen durch"
„schneiden"	„verbinden"

ihre volle Bedeutung gewinnen. *Erst jetzt, im gesamten Raume, nach Hinzunahme des Unendlichfernen, drücken unsere Sätze* **L**$_1$—**L**$_7$, **V**$_1$—**V**$_5$ *nun die Urphänomene aus,* *die sich auf die angeführten zweimal zwei Kategorien beziehen.*

Zwei Ebenen bestimmen erst jetzt immer eine und nur eine Schnittgerade, nur kann diese auch unendlichfern sein. Dies ist der Fall, wenn entweder die beiden Ebenen parallel sind oder eine von ihnen die ε_∞ des Raumes ist.

Ein Punkt und eine nicht durch ihn gehende Gerade haben immer eine und nur eine Verbindungsebene; dabei kann der Punkt oder die Gerade im Unendlichen sein; liegen beide im Unendlichen, so ist die ε_∞ ihre Verbindungsebene. Usw.

Rein logisch betrachtet, gibt es in diesen Sätzen (**L**, **V**) keine Punkte, Geraden oder Ebenen, die vor anderen Punkten, Geraden oder Ebenen irgendwie ausgezeichnet wären. Für unsere innere Anschauung aber ist es anders, was darauf hindeutet, daß die früher ausgesprochenen Urphänomene noch lange nicht alles Wesentliche unserer geometrischen Vorstellungswelt enthalten. Vielmehr können wir als einen neuen Grundsatz etwa den folgenden hinzunehmen:

U. *Es gibt eine vor allen anderen Ebenen ausgezeichnete Ebene, die unendlichferne Ebene ε_∞ des Raumes. Die ε_∞ hat jede beliebige Stellung, aber jede Gerade g_∞ der ε_∞ bestimmt genau eine Stellung im Raume; hingegen hat diese g_∞ jede beliebige Richtung, die in dieser Stellung enthalten ist; aber jeder Punkt der g_∞ bestimmt genau eine dieser Richtungen. Das Strahlenfeld ε_∞ gibt also alle Stellungen, das Punktfeld ε_∞ alle Richtungen im Raume.*

Mit diesem Satze erscheint das Gesetz der Polarität durchbrochen. Man bedenke aber, daß jeder Mensch sich selbst als den zum Unendlichfernen polaren Punkt betrachtet, indem jeder von sich aus als Mittelpunkt die Welt zu erfassen bestrebt ist. Von einem anderen Gesichtspunkt aus läßt sich der Erdmittelpunkt als der ausgezeichnete Punkt — und Pol zur unendlichfernen Ebene — ansprechen. —

Raumzerlegungen. Wie in der Ebene, sollen jetzt im Raum gewisse Verhältnisse näher untersucht werden. Zunächst die einfachsten Beispiele von Raumzerlegungen.

Eine Ebene α zerlegt den Punktraum nicht. Denn von einem beliebigen Punkt

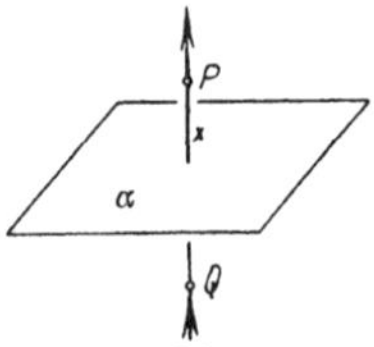

94

P gelangt man immer noch zu jedem beliebigen anderen Punkt Q (nur P, Q außerhalb α) durch ein Segment der Punktreihe $x = PQ$, welches den Schnittpunkt $x\alpha$ nicht enthält.

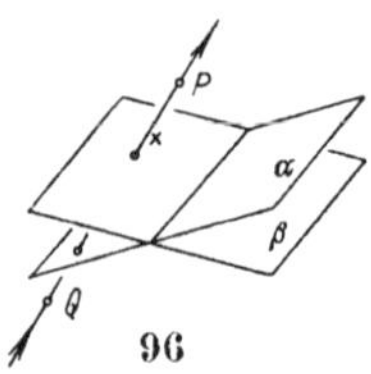

96

Ein Punkt A zerlegt den Ebenenraum nicht. Denn von einer beliebigen Ebene

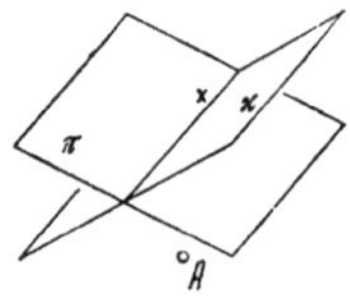

95

π gelangt man immer noch zu jeder beliebigen anderen Ebene κ (nur π, κ außerhalb A) durch ein Gebiet*) des Ebenenbüschels $x = \pi\kappa$, welches die Verbindungsebene xA nicht enthält.

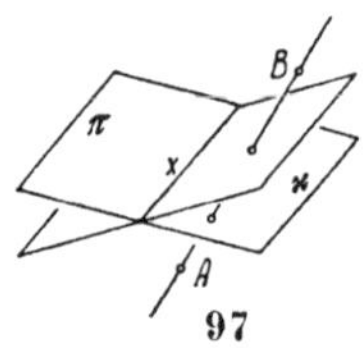

97

*) Zwei Ebenen eines Ebenenbüschels zerlegen dieses in zwei Ebenengebiete, wie zwei Strahlen eines Strahlenbüschels dieses in zwei Strahlengebiete. Vgl. S. 46.

Zwei Ebenen α, β zerlegen den Punktraum in zwei Teile. Zwei Punkte P, Q gehören zum selben Teil, wenn die Schnittpunkte von α, β mit $x = PQ$ beide *einem* der beiden durch PQ bestimmten Punktsegmente angehören (Bild **96**).

Zwei Punkte A, B zerlegen den Ebenenraum in zwei Teile. Zwei Ebenen π, κ gehören zum selben Teil, wenn die Verbindungsebenen von A, B mit $x = \pi\kappa$ beide *einem* der beiden durch π, κ bestimmten Ebenengebiete angehören (Bild **97**).

Hier kommt wieder das Gesetz der Polarität in jeder Einzelheit zur Geltung. Nur um das Anschauungsvermögen zu stärken, wollen wir noch die Zerlegung des Punktraumes durch drei und vier Ebenen betrachten. Immer gehören zwei Punkte P, Q zu demselben Gebiete, wenn die Schnittpunkte aller Ebenen mit $x = PQ$ alle *einem* der beiden durch P,Q bestimmten Punktsegmente angehören.

Drei Ebenen allgemeiner Lage zerlegen den Punktraum in vier Teilgebiete. Die Punkte P, Q in Bild **98** gehören demselben Gebiete an.

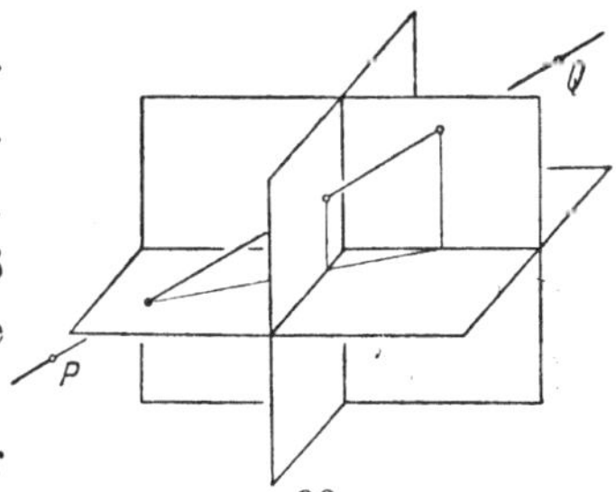

98

Vier Ebenen allgemeiner Lage bilden ein *Tetraeder* (Vierflächner) und zerlegen den Punktraum in acht Teilgebiete. Die vier Ebenen α, β, γ, δ schneiden sich zu je dreien in den vier Punkten (Bild **99**).

$$A = \beta\,\gamma\,\delta,\ B = \gamma\,\delta\,\alpha,\ C = \delta\,\alpha\,\beta,\ D = \alpha\,\beta\,\gamma$$

und begrenzen — von speziellen Fällen abgesehen — *ein*

im Endlichen liegendes Punktraumgebiet mit den vier Ecken A, B, C, D und sechs Kanten, bestehend aus Segmenten der Geraden

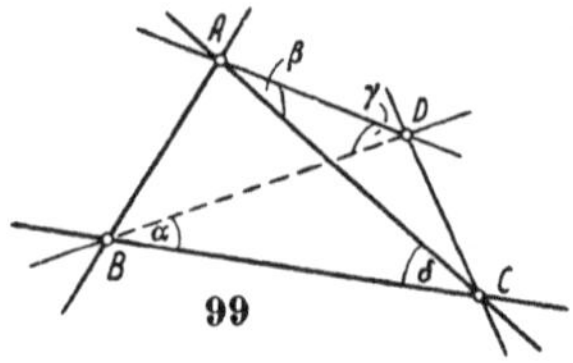

99

$$AB = \gamma\delta,\ BC = \delta\alpha,\ CD = \alpha\beta,\ AC = \beta\delta,\ AD = \beta\gamma,\ BD = \gamma\alpha\ .$$

Umgekehrt bestimmen vier Punkte A, B, C, D allgemeiner Lage die vier Ebenen

$$\alpha = BCD,\ \beta = CDA,\ \gamma = DAB,\ \delta = ABC.$$

Die durch vier Ebenen bestimmte Konfiguration von Ebenen, Punkten und Geraden — das Tetraeder — ist zu sich selbst polar. Das „Innere" des Tetraeders bildet eines der acht Punktraumgebiete. Über jeder der vier Dreiecksflächen steht ein weiteres Gebiet, das sich durch das Unendliche erstreckt und zu der dem Dreieck gegenüberliegenden Ecke zurückkommt. In Bild **100** ist ein solches Gebiet unter BCD, das von oben zurück in die Ecke A ausläuft, angedeutet.

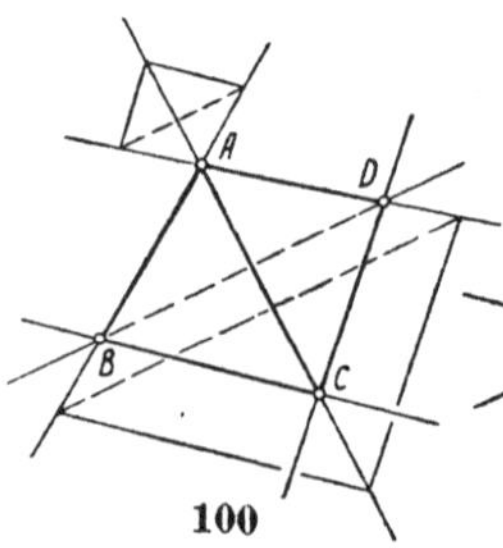

100

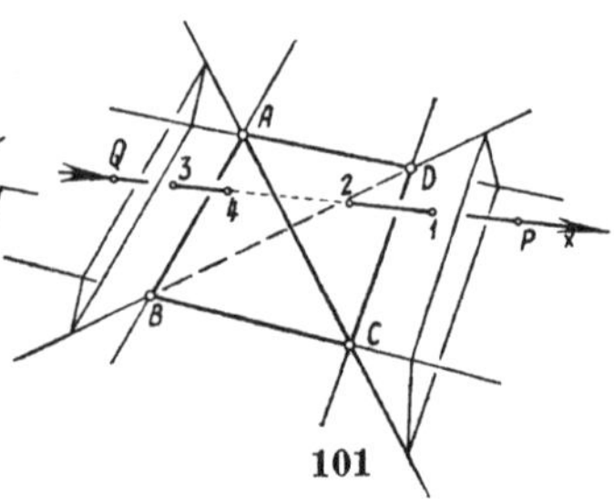

101

Ferner erstreckt sich von jeder Kante aus ein Gebiet durch das Unendliche hindurch zur gegenüberliegenden Kante; dadurch ergeben sich die noch fehlenden drei Punktraumteile. In Bild **101** ist das zu den Kanten AB

und CD gehörende Gebiet angedeutet. Die beiden gezeichneten Punkte P, Q fallen in diesen Teil. Die Gerade $x = PQ$ schneidet die vier Ebenen in den Punkten

$$1 = x\alpha = x\,(BCD),\ 2 = x\beta = x\,(CDA)\,,$$
$$3 = x\gamma = x\,(DAB),\ 4 = x\delta = x\,(ABC)\ .$$

Durch das Unendliche kommt man von P nach Q, ohne eine der Ebenen zu treffen, weshalb eben die Punkte demselben Punktgebiet angehören.

Bei der üblichen Abzählung der Zerlegungen kommt man zu scheinbar anderen Zahlen, weil man den Durchgang durch das Unendliche nicht zuläßt. Man nimmt also zu den gegebenen Ebenen immer noch die ε_∞ mit hinzu und erhält so:

Eine Ebene zerlegt
den Punktraum zusammen mit der ε_∞ in zwei Gebiete.

Zwei Ebenen zerlegen
den Punktraum zusammen mit der ε_∞ in vier Gebiete.

Drei Ebenen zerlegen
den Punktraum zusammen mit der ε_∞ in acht Gebiete.

Vier Ebenen zerlegen
den Punktraum zusammen mit der ε_∞ in fünfzehn Gebiete usw.

Daß 5 Ebenen allgemeiner Lage 15 Gebiete geben, läßt sich aus den Bildern **100** und **101** gut ablesen. Zu den vier Ebenen α, β, γ, δ hat man dazu noch die ε_∞ zu nehmen. —

Problem: Im Raume stehen sich polar gegenüber die Punktreihe und das Ebenenbüschel. Wir wollen jetzt wie in der Ebene (S. 54 f.) prüfen, was bei einem vollständigen Durchlaufen dieser Gebilde sich ergibt.

Fassen wir die Ebene als Element ins Auge, ohne auf deren Teile zu sehen, so führt eine Halbdrehung im Ebenenbüschel in die ursprüngliche Lage zurück.

Fassen wir den Punkt als Element ins Auge, ohne auf dessen Teile zu sehen, so führt ein gewöhnliches Durchlaufen der Punktreihe in die ursprüngliche Lage zurück.

Anders aber, wenn wir die Teile mit in Betracht ziehen. Wir erklären aus der Anschauung heraus:

Die Punktumgebung einer Geraden g in einer Ebene α wird aus allen Punkten der Ebene als Punktfeld gebildet, welche zur Geraden benachbart sind. Diese Punktumgebung ist eine zusammenhängende Punktmenge.

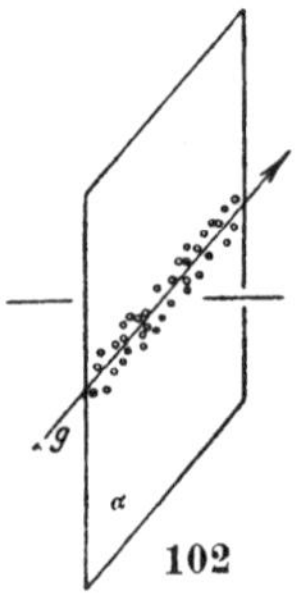

102

Die Ebenenumgebung einer Geraden g in einem Punkte A wird aus allen Ebenen des Punktes als Ebenenbündel gebildet, welche zur Geraden benachbart sind. Diese Ebenenumgebung ist eine zusammenhängende Ebenenmenge.

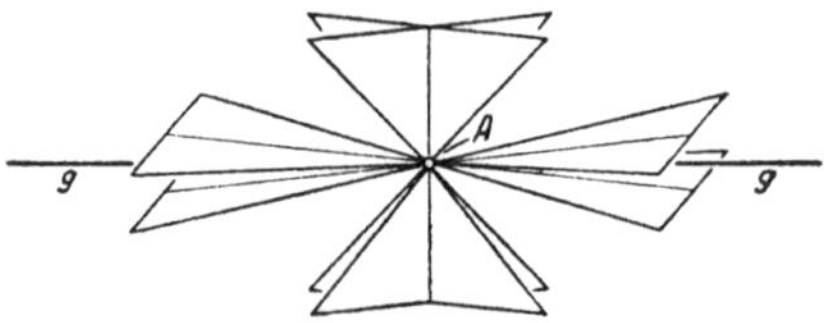

103

Denn bei Berücksichtigung des Unendlichfernen kommt man nach hinten gehend (Bild **102**) von den

Ihr gehören alle Ebenen an, welche die Rotationskegel von genügend kleinen Öffnungswinkeln mit

Punkten oberhalb g der rechten Seite der Ebene zu den Punkten vorn *unterhalb* g auf der linken Seite der Ebene zurück.

Bei einer Halbdrehung einer beweglichen Ebene eines Büschels aus der Anfangslage α um die Trägergerade g fällt die Ebene allerdings wieder mit α zusammen, aber die Punktumgebung von g in α erfährt dabei eine Spiegelung an g.

Der Anschauung ist das unmittelbar zugänglich; X kommt nach X' (Bild **104**).

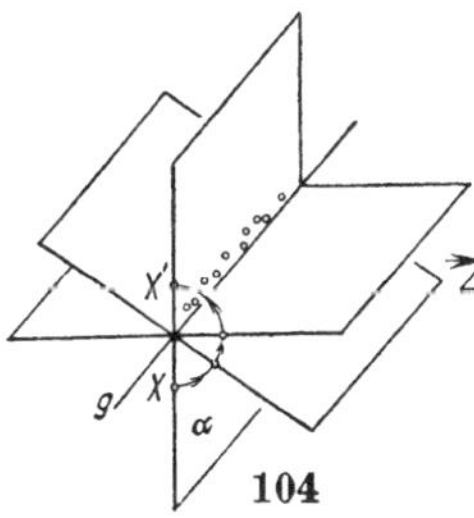

104

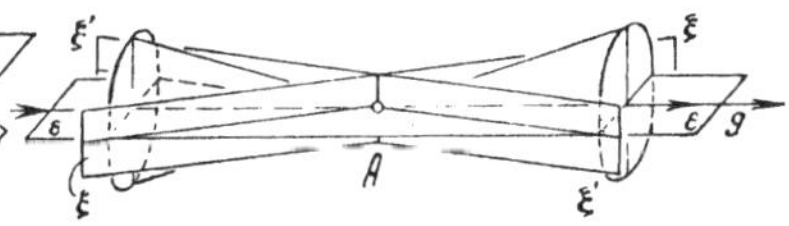

105

A als Spitze und g als Rotationsachse berühren. Bei einem gewöhnlichen Durchlaufen eines beweglichen Punktes einer Reihe aus der Anfangslage A längs der Trägergeraden g fällt der Punkt allerdings wieder mit A zusammen, aber die Ebenenumgebung von g in A erfährt eine Spiegelung an g. Das sieht man, wenn man die Geradenumgebung (S. 55) von g in A und einer Ebene ε durch g bei der Bewegung mitnimmt und die früher gewonnenen Vorstellungen (S. 56f.) berücksichtigt. Die Ebene ξ kommt nach ξ' (Bild **105**).

Um das Durchlaufen einer Punktreihe g mit Beachtung der Umgebung noch besser zu durchschauen, betten wir g in ein geschlossenes Rohr mit g als Mittellinie ein. Ein dünner Zylinder um g (**106**) kann uns dabei nicht helfen, denn dieses Gebilde ist im Unendlichen nur mittels eines einzigen Punktes geschlossen. Um ein Rohr zu bekommen, das sich nirgends auf einen Punkt zu-

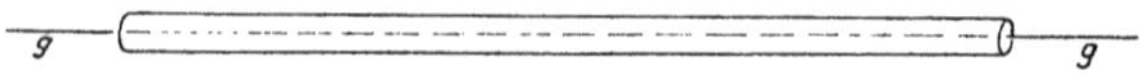

106

sammenzieht, nehmen wir ein Ebenenband, wie es früher (S. 59) betrachtet wurde, mit g als Mittellinie, und lassen es um g rotieren. Man kann etwa dazu eine geeignete Hyperbel um g rotieren lassen, die entstehende Fläche nennt man ein einschaliges Rotationshyperboloid. Läßt man nun A nach rechts hin (Bild **107**) wandern und nimmt die Kreisscheibe um A so mit, daß die

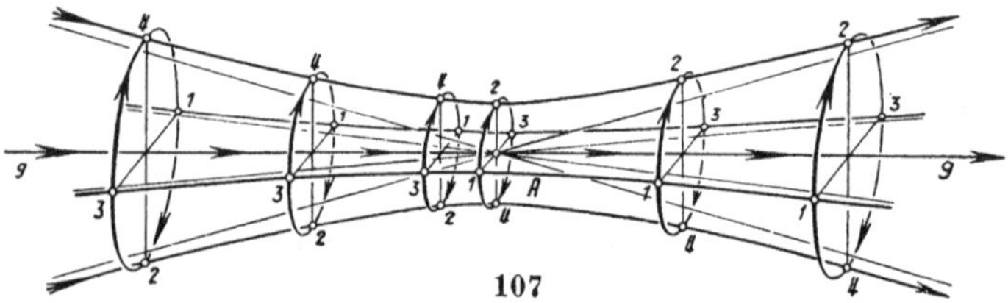

107

Punkte 1, 2, 3, 4 längs der Hyperbeln sich bewegen, so hat sich nach einem einmaligen Durchgang durch das Unendliche die Scheibe um 180° gedreht oder, wie wir auch sagen können, *die Scheibe hat eine Spiegelung an ihrem Mittelpunkt erfahren.* Der Richtungssinn 1 → 2 → 3 → 4 bleibt unverändert. Erst bei zweimaligem Durchgang über das Unendliche hat man die alte Lage erreicht. Betrachtet man bloß einen ebenen Schnitt des Rohres durch g (etwa den Horizontalschnitt in Bild **107**), so stimmt das mit dem uns bereits aus der Geometrie der Ebene Bekannten überein.

Merkwürdige Verhältnisse für die Anschauung liegen beim Durchlaufen eines Parallel-Ebenenbüschels vor.

Eine bewegliche Ebene ξ durchlaufe ein solches, mit der Ausgangslage α (Bild **108**) beginnend, nach oben. Nach *einem* Durchgang über das Unendliche und Zurückkommen nach α hat die Punktumgebung in α des unendlichfernen Trägers g_∞ des Büschels eine Spiegelung an g_∞ erfahren. Denken wir uns diese Umgebung stark ins Endliche herein erweitert, so läßt sich dies z. B. so ausdrücken: Die Punkte weit links und weit rechts auf der oberen Seite*) von α und die Punkte weit links und weit rechts auf der unteren Seite von α werden ausgetauscht. Erst nach zweimaligem Durchgang über das Unendliche ist die alte Lage erreicht.

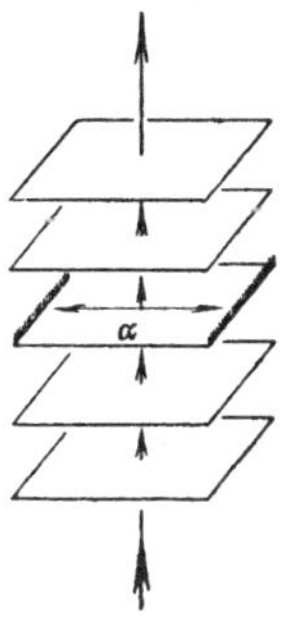

108

Nun können wir auch das Strahlenbündel sachgemäßer als früher erfassen. Denken wir uns die Gesamtheit der Halbstrahlen, welche von einem im Endlichen liegenden Punkte P aus bis ins Unendliche gehen, so bekommen wir das, was man sich unter einem Strahlenbündel üblich vorstellt:

Einen von einem Mittelpunkt aus nach allen Raumrichtungen hin nach außen strahlenden Stern.

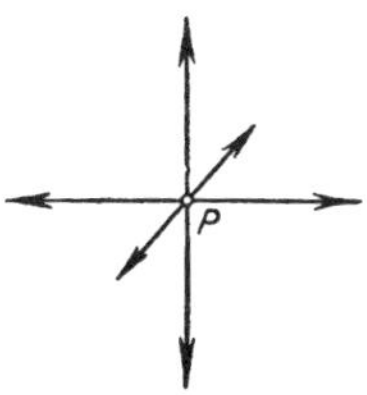

109

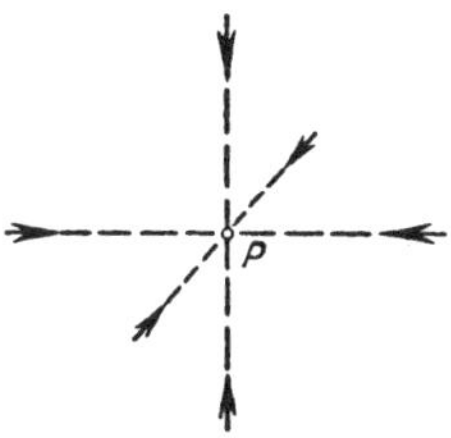

110

Das stellt aber noch nicht die Totalität des Strahlenbündels dar, sondern erst eine Hälfte. Wollen wir näm-

*) Beachte die Anmerkung **) auf S. 61.

lich jede Gerade des Bündels sachgemäß mit Beachtung der Teile vollständig durchlaufen, so müssen wir noch alle die vom Unendlichen her kommenden Verlängerungen der ersten Halbstrahlen nach innen hinzunehmen und erhalten so die andere Hälfte:

Einen vom Unendlichen aus allen Raumrichtungen her nach innen strahlenden Stern.

Aus dem Geometrischen selber wird man also dazu geführt, zwei ineinander verwobene Arten von Räumen zu denken: Den gewöhnlichen Raum und seinen Gegenraum.

Diese aus der neueren synthetischen Geometrie keimenden Vorstellungen werden von der heute im allgemeinen üblichen Physik und Biologie zum erkennenden Erfassen der Welt noch nicht zu Hilfe genommen.

Ein Urphänomen: Ein wichtiges Ergebnis unserer Betrachtungen wollen wir nochmals hervorheben: Die Ebene erwies sich als eine „einseitige" Fläche. Jeder endliche Ausschnitt einer Ebene ist zwar „zweiseitig", d. h. von einem Punkt A auf der vorderen Seite kann man zum entsprechenden Punkt A (Bild **111**) auf der hinteren Seite nicht gelangen, ohne den Rand zu überschreiten.

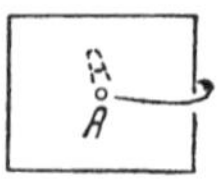

111

Die Kugelfläche z. B. ist auch eine „zweiseitige", aber *unberandete* Fläche. Es läßt sich die Innenfläche als die eine Seite von der Außenfläche als deren anderen Seite unterscheiden, und von der einen zur anderen Seite kommt man nur, indem man die Kugelfläche durchlocht. Das Moebius'sche Band (S. 60) ist eine „einseitige" berandete Fläche, die Ebene aber eine „einseitige" und unberandete Fläche. Ein Durchgang durch das Unendliche führt immer auf die der Ausgangslage entgegengesetzte Seite, wobei der Ausdruck „entgegengesetzte Seite“ hier nur einen Sinn für das an endlichen Ausschnitten der Ebene haftende Vorstellungsvermögen hat, für die *totale* Ebene erlischt seine Bedeutung. Dieser Tatbestand läßt sich sozusagen durch einen einzigen Denkgriff erfassen. Man stelle sich in den Mittelpunkt einer Kugel und lasse deren Radius unbegrenzt groß werden. Die *eine* Seite der Kugelfläche, nämlich die Außenseite, schmiegt sich dabei immer mehr der unendlichfernen Ebene ε_∞ des Raumes an, und schließlich wird die ε_∞ genau einmal und vollständig überdeckt!

Dieser Grenzübergang von der Kugel zur ε_∞ stellt das Urphänomen für die „Einseitigkeit“ der Ebene dar. Durch eine geeignete Metamorphose können wir uns von diesem Übergang ein zum Teil im Endlichen verlaufendes Abbild verschaffen. Man betrachte dazu die Schar konzentrischer Kreise in Bild 88 (S. 67) und lasse diese um die Vertikale v rotieren, so daß eine Schar konzentrischer Kugeln entsteht. Die Metamorphose der Kreisschar in die Kurvenschar in Bild 89 (S. 68) haben wir ausführlich geschildert; läßt man die letztere auch um v rotieren, so entsteht eine Schar von Rotationsflächen, deren Ineinander-Übergehen uns das erwähnte Abbild des Übergangs einer Kugel in die ε_∞ liefern kann. Der Mittelpunkt Z erweitert sich zuerst zu kleinen Rotationsellipsoiden, dann zur Kugel und zu immer größeren Rotationsellipsoiden. Rückt der untere Scheitel Q ins Unendliche, so ist das Ellipsoid zum Rotationsparaboloid geworden, dessen unendlichferner Scheitel dann von oben her zurückkommt, so daß sogenannte zweischalige Rotationshyperboloide entstehen. Diese werden immer flacher und schmiegen sich immer mehr der durch Rotation der Geraden h entstehenden Horizontalebene an, um dann schließlich — diese vollständig und genau einmal überdeckend — in sie auszuarten. Man fasse dabei die Außenfläche der Kugel ins Auge und verfolge, wie diese sich der Ebene anschmiegt. Entrückt die Horizontalebene in die Unendlichkeit, so ergeben sich wieder die konzentrischen Kugeln. Es ist wichtig, daß der Leser diese Metamorphose so klar wie nur möglich durchführen lernt, denn sie gibt auch einen Übergang der zueinander polaren Elemente des Raumes: Vom Punkte zur Ebene. *Die sich von einem Punkt aus zur Unendlichkeit erweiternde Kugel stellt uns also auch das Urphänomen für die Verwandlung der polaren Raum-Elemente Punkt und Ebene ineinander dar.*

5. Die einfachsten Figuren des Raumes und der Desargues'sche Satz

Schein und Schnitt. In dem Raume, den die im letzten Abschnitt ins Bewußtsein gebrachte unendlichferne Ebene ε_∞ abschließt, kommen die im dritten Abschnitt betrachteten Urphänomene des Verbindens und Schneidens der Elemente unbeschränkt zur Geltung. Wir wollen sehen, wie man durch diese beiden zueinander polaren Tätigkeiten von einem Raumgebilde zu einem anderen übergehen kann.

Man kann jeden Punkt und jede Gerade eines Raumgebildes mit einem festen Punkt P verbinden, die erhaltene Figur nennen wir den *Schein* des Gebildes im Punkte P (Zentrum); er stellt ein Gebilde des Bündels P dar.	Man kann jede Ebene und jede Gerade eines Raumgebildes mit einer festen Ebene π schneiden; die erhaltene Figur nennen wir den *Schnitt* des Gebildes mit der Ebene π; er stellt ein Gebilde des ebenen Feldes π dar.
Der Schein eines Punktes ist eine Gerade. Liegt das Zentrum nicht in der Geraden g, so ist der Schein der Geraden g eine Ebene, der Schein der Punktreihe g ein Strahlenbüschel.	Der Schnitt einer Ebene ist eine Gerade. Geht die Schnittebene nicht durch die Gerade g, so ist der Schnitt der Geraden g ein Punkt, der Schnitt des Ebenenbüschels g ein Strahlenbüschel.

Am wichtigsten sind:

Der Schein eines ebenen Feldes, also das Bündel der Geraden und Ebenen, die jeden Punkt und jede Gerade des Feldes mit einem festen Punkt, der nicht dem Felde angehört, verbinden.

Jedem Element P, g des ebenen Feldes ist ein und nur ein Element g, ε eines Scheines dieses Feldes zugeordnet.

Der Schnitt eines Bündels, also das ebene Feld der Geraden und Punkte, in denen jede Ebene und jede Gerade des Bündels durch eine feste Ebene, die nicht dem Bündel angehört, geschnitten werden.

Jedem Element ε, g des Bündels ist ein und nur ein Element g, P eines Schnittes dieses Bündels zugeordnet.

Durch Schein- oder Schnittbildung ergibt sich also eine umkehrbar eindeutige Zuordnung der Elemente eines ebenen Feldes zu denen eines Bündels;

jeder ebenen Figur ist durch Scheinbildung eine zentrische Figur (Figur in einem Punkte) zugeordnet.

jeder zentrischen Figur (Figur in einem Punkte) ist durch Schnittbildung eine ebene Figur zugeordnet.

Man spricht auch — aber seltener — vom *Schein eines Raumgebildes aus einer Geraden g*; er entsteht durch Verbinden aller Punkte des Gebildes mit g. Dazu polar ist der *Schnitt eines Raumgebildes mit einer Geraden.* —

Dreier- und Vierergebilde. Um uns im Folgenden sachgemäß ausdrücken zu können, zählen wir die einfachsten Raumfiguren auf.

Der Schein eines *Dreiecks* (Inbegriff dreier nicht in einer Geraden liegender Punkte) ist ein *Dreikant* (Inbegriff dreier nicht in einer Ebene liegender Geraden eines Punktes).

Der Schnitt eines Dreikants ist ein Dreieck.

Die Verbindungsgeraden der Ecken eines Dreiecks bilden ein Dreiseit.

Die Schnittpunkte der Seiten eines Dreiseits bilden ein Dreieck.

Der Schnitt eines *Dreiflachs* (Inbegriff dreier nicht durch eine Gerade gehender Ebenen) ist ein *Dreiseit* (Inbegriff dreier nicht durch einen Punkt gehender Geraden einer Ebene).

Der Schein eines Dreiseits ist ein Dreiflach.

Die Schnittgeraden der Ebenen eines Dreiflachs bilden ein Dreikant.

Die Verbindungsebenen der Kanten eines Dreikants bilden ein Dreiflach.

Mit dem Worte „Dreieck" bezeichnen wir gewöhnlich Dreieck *und* zugehöriges Dreiseit; wenn eine genauere Ausdrucksweise am Platze ist, sagen wir dann „vollständiges Dreieck", entsprechendes auch für die anderen Dreiergebilde.

Ein vollständiges Dreieck ist auch ein vollständiges Dreiseit und umgekehrt.

Ein vollständiges Dreiflach ist auch ein vollständiges Dreikant und umgekehrt.

Ein *vollständiges* (ebenes) *Viereck ABCD* (Bilder **112** und **113**) wird gebildet aus vier Punkten (den Ecken) einer Ebene, von denen keine drei in einer Geraden liegen, und deren sechs Verbindungsgeraden (den Seiten).

Ein *vollständiges* (zentrisches) *Vierflach* wird gebildet aus vier Ebenen (den Flächen) eines Punktes, von denen keine drei durch eine Gerade gehen, und deren sechs Schnittgeraden (den Kanten).

Die sechs Seiten eines vollständigen Vierecks haben noch drei weitere Schnittpunkte P, Q, R; diese bilden das Nebendreieck des vollständigen Vierecks.

Die sechs Kanten eines vollständigen Vierflachs haben noch drei weitere Verbindungsebenen; diese bilden das Nebendreiflach des vollständigen Vierflachs.

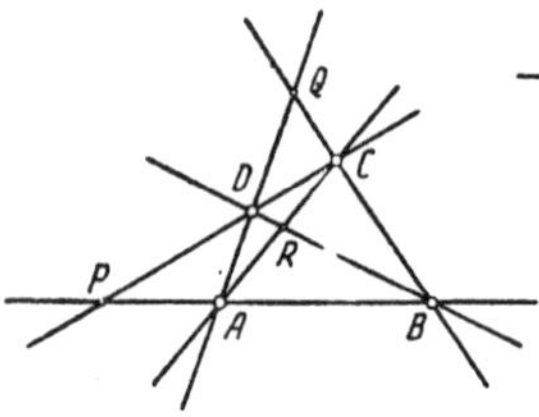

112

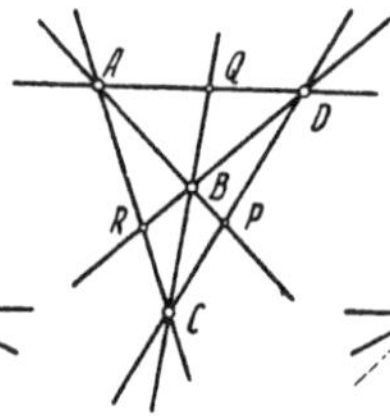

113

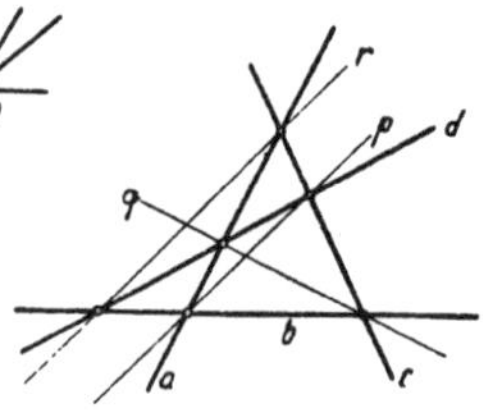

114

Ein *vollständiges* (ebenes) *Vierseit abcd* (Bild **114**) wird gebildet aus vier Geraden (den Seiten) einer Ebene, von denen keine drei durch einen Punkt gehen, und deren sechs Schnittpunkten (den Ecken).

Ein *vollständiges* (zentrisches) *Vierkant* wird gebildet aus vier Geraden (den Kanten) eines Punktes, von denen keine drei in einer Ebene liegen, und deren sechs Verbindungsebenen (den Flächen).

Die sechs Ecken eines vollständigen Vierseits haben noch drei weitere Verbindungsgeraden p, q, r; diese bilden das Nebendreiseit des vollständigen Vierseits.

Die sechs Flächen eines vollständigen Vierkants haben noch drei weitere Schnittgeraden; diese bilden das Nebendreikant des vollständigen Vierkants.

Der Schein eines vollständigen Vierecks ist ein vollständiges Vierkant, der

Der Schnitt eines vollständigen (zentrischen) Vierflachs ist ein vollstän-

Schnitt eines vollständigen Vierkants ein vollständiges Viereck.

diges Vierseit, der Schein eines vollständigen Vierseits ein vollständiges (zentrisches) Vierflach.

Ein vollständiges Viereck enthält drei gewöhnliche Vierecke und 48 Viereckszüge, und die vier Ecken zerlegen das Strahlenfeld in 7 Gebiete, wie wir früher (S. 47 und S. 51 polar für Vierseit) angaben. Entsprechendes gilt für die übrigen drei Verergebilde.

Für viele Betrachtungen ist es nützlich, das Nebendreieck und Nebendreiseit eines vollständigen Vierecks und Vierseits als vollständiges Dreieck zu betrachten. Jedem vollständigen Viereck und Vierseit wird dann ein ganz bestimmtes vollständiges Dreieck zugeordnet, das wir kurz das Nebendreieck des Vierecks oder Vierseits nennen. Es ergibt sich dann eine Figur aus $4 + 3 = 7$

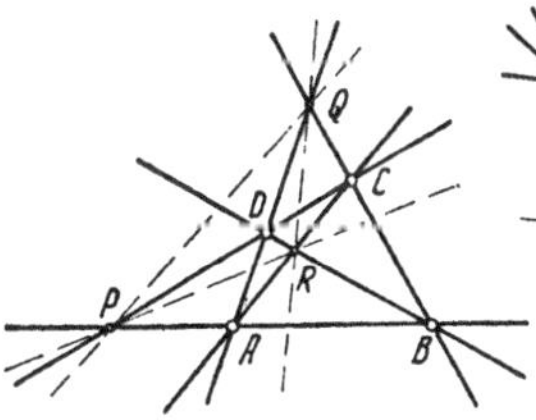

115

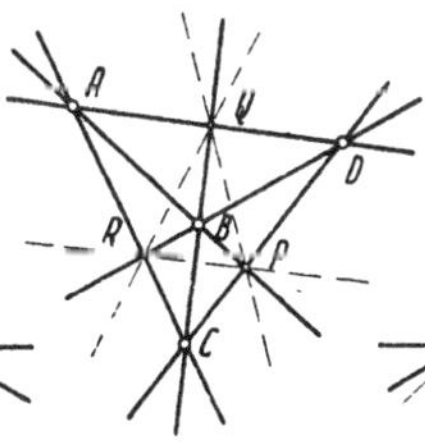

116

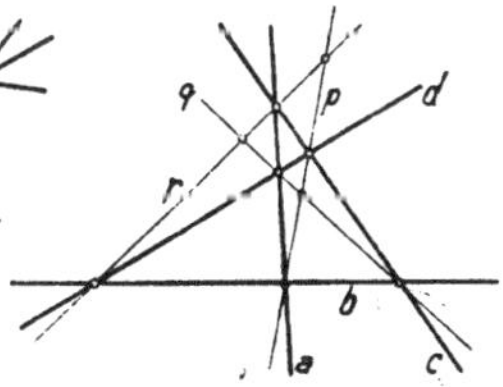

117

Punkten und $6 + 3 = 9$ Geraden (Bilder **115** und **116**) oder $4 + 3 = 7$ Geraden und $6 + 3 = 9$ Punkten (Bild **117**). Entsprechend für Vierflach und Vierkant. Wir sehen im Raum mit der Zahl 4 (z. B. Viereck) vor allem folgende weiteren Zahlen verknüpft:

$$3, \quad 4 + 3 = 7, \quad 6, 7, 6 + 3 = 9, \quad 3 \cdot 16 = 48.$$

Es wird sich zeigen, daß auch die Zahl 12 dazugehört.

Das vollständige *räumliche Viereck* wird gebildet von vier nicht in einer Ebene liegenden Punkten, deren sechs Verbindungsgeraden (Kanten) und vier Verbindungsebenen (Flächen).

Das vollständige *räumliche Vierflach* wird gebildet von vier nicht durch einen Punkt gehenden Ebenen, deren sechs Schnittgeraden (Kanten) und vier Schnittpunkten (Ecken).

Das vollständige räumliche Viereck ist also auch ein vollständiges räumliches Vierflach und umgekehrt, dieses Gebilde — *das Tetraeder* — ist zu sich selbst polar, wir betrachteten es schon in anderem Zusammenhang S. 77 f.

Jeder nicht durch eine Ecke gehende Schnitt eines Tetraeders ist ein vollständiges Vierseit.

Jeder Schein eines Tetraeders in einem nicht in einer Fläche liegenden Punkt ist ein vollständiges Vierkant.

Zwischenbemerkung. Wir wollen hier mit der bloßen Aufzählung der Grundfiguren eine Zwischenbemerkung verknüpfen, die aber doch auf wichtige Verhältnisse hinweist. Ein Wort wie z. B. „Dreieck" wird nämlich für sehr Verschiedenes verwendet, ohne daß man sich dessen immer klar bewußt wäre. Wir berühren damit für einen einfachsten, leicht durchschaubaren Fall das für jede Weltbetrachtung grundlegende Problem vom Verhältnis des rein geistigen Urbildes zu den auf verschiedenen Stufen möglichen Abbildern. Zunächst können wir die *Idee des Dreiecks*, das, was allem Dreiecksartigen als Gemeinsames zugrunde liegt, denken. Diese Idee kommt nun auf ganz verschiedenen Stufen zur Erscheinung.

1. Erstens liegt sie zugrunde einem ganz *bestimmten, einzelnen, gedachten Dreieck* im gedachten Raum, z. B. einem bestimmt gedachten Dreieck mit gleichen Winkeln.

1a. Dann einem *Teilstück* eines einzelnen gedachten Dreieckes, z. B. dem, was man sich üblich unter dem Wort „gleichseitiges Dreieck" denkt, wo man als Seiten nur Stücke der ganzen Geraden anspricht.

2. In einer schon verhüllteren Stufe kommt das „Dreieck" schlechthin zur Erscheinung in dem *z. B. der geometrischen Anschauung vorliegenden Bild* eines Teilstückes eines einzelnen gedachten Dreiecks. Dies erscheint für das menschliche Vorstellungsleben z. B. in Farben gekleidet, mit Seiten gewisser Breite, kurz mit Sinnesqualitäten behaftet.

3. Auf der untersten Stufe finden wir *das mineralisierte Bild* eines Teilstückes eines einzelnen gedachten Dreiecks. Zum Beispiel ein in *geformter* Druckerschwärze erscheinendes Dreieck.

Wir können aber durch einen bestimmten Prozeß bereits im Gebiet der ersten Stufe, ja sogar innerhalb des Gebietes der zweiten Stufe in gewissem Sinne dem Urbild Dreieck näherkommen. Wir müssen dazu die in bestimmter *Formung* erscheinenden Gebilde in die *Bewegung* zurückführen. Man denke also zunächst ein Teilstück eines einzelnen Dreiecks, lasse dessen Seiten ins Unendliche schießen und gleichzeitig alle überhaupt denkbaren Lagen annehmen.*) Mit diesem *Vorgange*, der nun mehr als bloßes Abbild auf irgend einer Stufe bedeutet, der selbst auf verschiedenen Stufen stattfinden kann, kommt man dem Urbild näher als durch irgend *ein* Abbild. Es handelt sich nicht darum, das als einen mehr oder weniger guten Gedanken zu taxieren, sondern vielmehr darum, den Vorgang wirklich durchzuführen. —

*) Weitere Angaben in Rudolf Steiner's Vortragszyklus (Berlin, Jan. 1914): Der menschliche und der kosmische Gedanke.

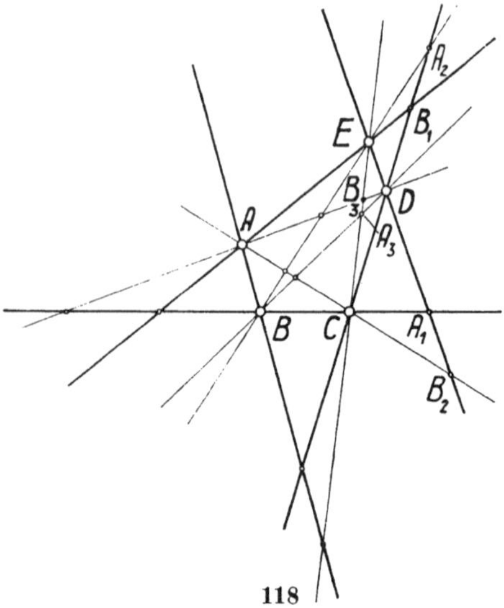

118

Fünfergebilde. Um die zwischen den einfachsten Grundfiguren herrschenden Gesetzmäßigkeiten erkennen zu können, müssen wir noch die verschiedenen durch die Fünfzahl gegebenen Gebilde hinzunehmen. Zunächst beschreiben wir die in der Geometrie der Ebene zueinander polaren Figuren des vollständigen Fünfecks und vollständigen Fünfseits.

Das *vollständige* (ebene) *Fünfeck* (Bild **118**) wird gebildet aus 5 Punkten (den Ecken) einer Ebene, von denen keine drei in einer Geraden liegen, und deren 10 Verbindungsgeraden als Seiten.

Das vollständige Fünfeck enthält 12 gewöhnliche Fünfecke und 384 = 12 · 32 Fünfeckszüge (siehe Bild 40 und S. 47). Durch die 5 Ecken wird das Strahlenfeld in 11 Strahlengebiete zerlegt.

Das *vollständige* (ebene) *Fünfseit* (Bild **119**) wird gebildet aus 5 Geraden (den Seiten) einer Ebene, von denen keine drei durch einen Punkt gehen, und deren 10 Schnittpunkten als Ecken.

Das vollständige Fünfseit enthält 12 gewöhnliche Fünfseite und 384 = 12 · 32 Fünfseitstrahlengebiete. Durch die 5 Seiten wird das Punktfeld in 11 Punktgebiete zerlegt (S. 52).

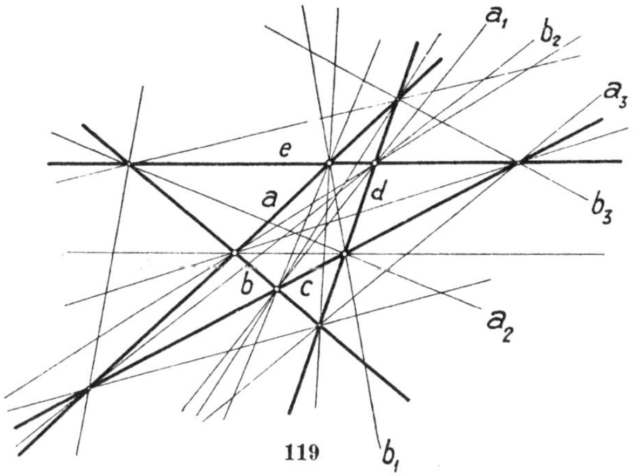

119

Die 10 Seiten schneiden sich noch in weiteren 15 Punkten, den Nebenecken. Diese 15 Nebenecken zerfallen in 5 Gruppen, welche die 5 Nebendreiecke des vollständigen Fünfecks bilden. Zu jeder Ecke gehört ein solches Nebendreieck, es ist dies das Nebendreieck des durch die vier übrigen Ecken gebildeten vollständigen Vierecks. Zum Beispiel gehört zur Ecke A (Bild **118**) das vollständige Viereck $BCDE$ mit dem Nebendreieck $A_1\,A_2\,A_3$, entsprechend zur Ecke B das Viereck $CDEA$ mit dem Nebendreieck $B_1\,B_2\,B_3$.

Die 10 Ecken haben noch weitere 15 Verbindungsgeraden, die Nebenseiten. Diese 15 Nebenseiten zerfallen in 5 Gruppen, welche die 5 Nebendreiseite des vollständigen Fünfseits bilden. Zu jeder Seite gehört ein solches Nebendreiseit, es ist dies das Nebendreiseit des durch die vier übrigen Seiten gebildeten vollständigen Vierseits. Zum Beispiel gehört zur Seite a (Bild **119**) das vollständige Vierseit $bcde$ mit dem Nebendreiseit $a_1a_2a_3$, entsprechend zur Seite b das Vierseit $cdea$ mit dem Nebendreiseit $b_1\,b_2\,b_3$.

Fünf Punkte oder fünf Geraden einer Ebene haben also vor allem die folgenden Zahlen im Gefolge:

$$10,\ 11,\ 3 \cdot 5 = 15,\ 12 \cdot 32 = 384,\ 4,\ 4 + 3 = 7$$
$$(\text{damit auch } 6 + 3 = 9).$$

Entsprechendes gilt für die analogen Figuren in der Geometrie eines Punktes: Das *vollständige zentrische Fünfflach* als räumlich polares Gebilde zum vollständigen (ebenen) Fünfeck und auch als Schein eines vollständigen (ebenen) Fünfseits, ferner das *vollständige* (zentrische) *Fünfkant* als räumlich polares Gebilde zum vollständigen (ebenen) Fünfseit und auch als Schein eines vollständigen (ebenen) Fünfecks.

Die Fünfergebilde zeigen merkwürdige Anordnungseigenschaften, auf die wir beschreibend hinweisen wollen. Am leichtesten überschaubar sind sie am Fünfseit. Seine Seiten zerlegen das Punktfeld in 11 Punktgebiete und zwar in ein von einem Fünfeckszug (Bild **120**), in 5 von Dreieckszügen (Bild **121**) und in 5 von Viereckszügen (Bild **122**) begrenzte Gebiete. Die Dreiecksgebiete bilden einen das Fünfecksgebiet umschließenden Kranz, wobei an jede Strecke des Fünfeckszuges genau ein Dreiecksgebiet anstößt. Ebenso bilden die Vierecksgebiete einen Kranz, wobei aber eines derselben längs je einer Strecke an genau zwei benachbarte anstößt. Der Leser unterlasse es nicht, diese merkwürdigen Zyklen, die durch die Zahl 5 gegeben werden, an verschiedenen irgendwie hingezeichneten Fünfseiten genau zu studieren.

Die 10 Ecken zerfallen so in zwei Gruppen von je fünfen, die eine Gruppe wird gebildet von den 5 Ecken — wir nennen diese die Hauptecken — des Fünfeckzuges. Wir durchlaufen diesen im angegebenen Sinne (Bild **120**) und bezeichnen die aufeinanderfolgend getroffenen Seiten

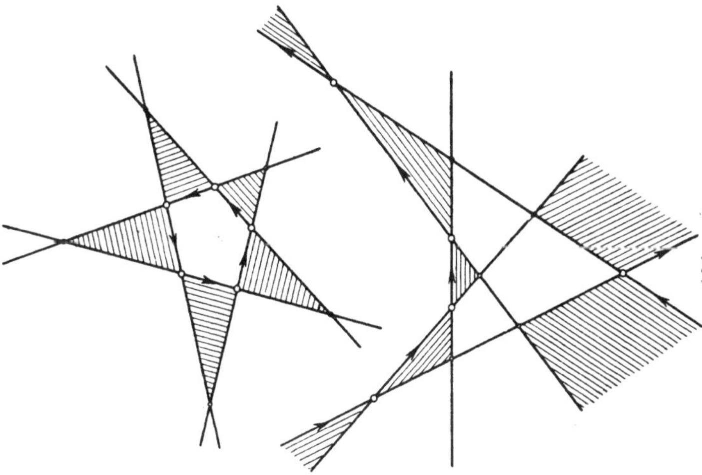

121

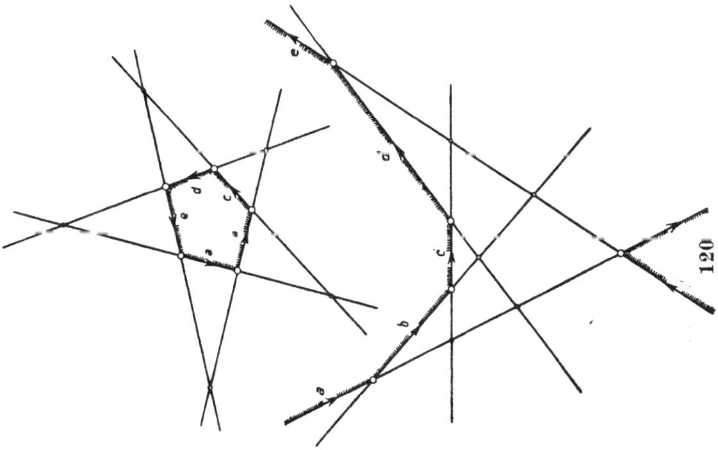

120

mit *a*, *b*, *c*, *d*, *e*. Auf jeder Seite liegen nun genau 4 Ecken des vollständigen Fünfseits; durchlaufen wir diese jeweils in natürlicher Reihenfolge und schreiben ihre Namen in dieser Ordnung in eine Horizontale, so erhalten wir das Schema:

$$\begin{pmatrix} * & ab & ac & ad & ae \\ ba & * & bc & bd & be \\ ca & cb & * & cd & ce \\ da & db & dc & * & de \\ ea & eb & ec & ed & * \end{pmatrix}$$

Weil bei jedem beliebigen Fünfseit sich immer ein von einem Fünfeckzug umschlossenes Gebiet vorfindet, *lassen sich die fünf Seiten immer so nennen, daß die im Schema sich zeigende vollkommene Ordnung zum Vorschein kommt.* Schon beim Sechsseit ist das nicht mehr so, weil sechs Geraden nicht immer ein von einem Sechseckzug begrenztes Gebiet ergeben!

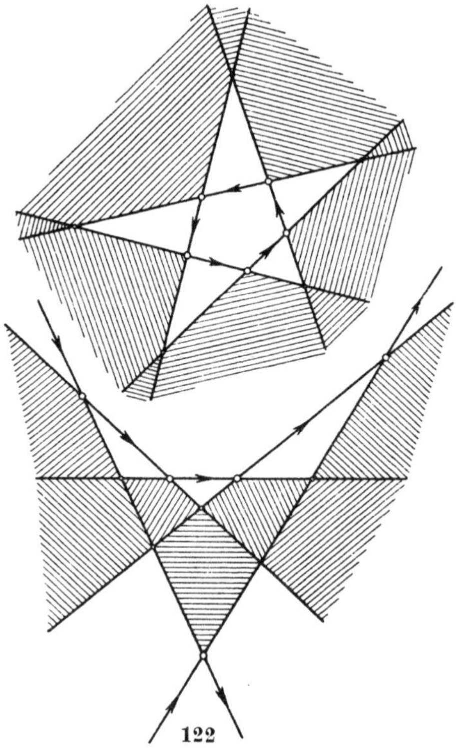
122

Durch die 5 Ecken eines Fünfecks wird das Strahlenfeld entsprechend in $1 + 5 + 5 = 11$ Strahlengebiete zerlegt. Nur sind diese nicht so ohne weiteres in die unmittelbare Anschauung hereinzubekommen. Durch jede Ecke gehen genau vier Seiten des vollständigen Fünfecks. Wir können nun je diese vier Seiten durch *A*, *B* usw. in ihrer natürlichen Reihenfolge in den Büscheln *A*, *B* usw. durchlaufen. Für Bild **123** ergibt sich dann das Schema:

$$\begin{pmatrix} * & AB & AC & AD & AE \\ BA & * & BC & BD & BE \\ CA & CB & * & CD & CE \\ DA & DB & DC & * & DE \\ EA & EB & EC & ED & * \end{pmatrix}$$

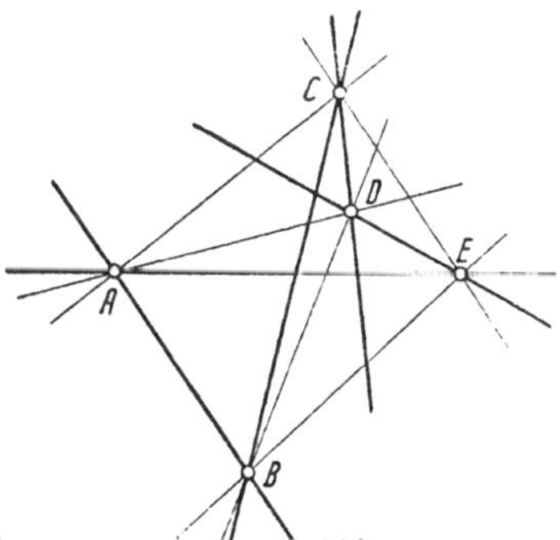

123

Wieder gilt das merkwürdige Gesetz, daß *die Ecken jedes beliebigen Fünfecks sich so nennen lassen, daß die im Schema sich zeigende vollkommene Ordnung zum Vorschein kommt.* Der Leser wird bei irgend einem Fünfeck, das er sich zeichnet, diese natürliche Benennung vielleicht nicht sofort auffinden. Man bezeichne die Punkte irgendwie und schreibe sich die je vier Strahlen *zweier* Punkte in natürlicher Reihenfolge auf, z. B. für Bild **124** für die Ecken *L* und *M*:

$$LM,\ LP,\ LN,\ LO \text{ und } ML,\ MN,\ MO,\ MP.$$

Die Folgen *MPNO* und *LNOP* vereinige man so (ev. nach Umkehrung des Durchlaufungssinnes), daß die in ihnen vorkommenden Punkte ihre gegenseitige

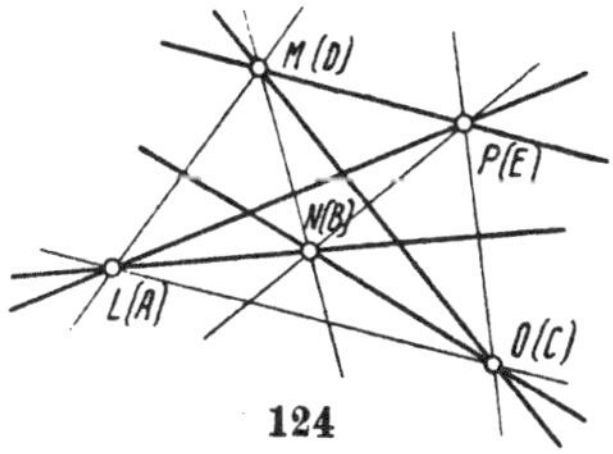

124

Anordnung beibehalten: $LNOMP$. Das ergibt die gesuchte natürliche Ordnung $ABCDE$ der fünf Punkte.

Es wird sich immer mehr zeigen, daß die *Fünfer*gebilde die für die Geometrie entscheidenden sind. —

Als letzte Grundfiguren schildern wir jetzt das vollständige räumliche Fünfeck und das zu ihm polare vollständige räumliche Fünfflach.

Das vollständige räumliche Fünfeck wird gebildet von 5 Punkten, von denen keine vier in einer Ebene liegen, deren 10 Verbindungsgeraden (Seiten) und 10 Verbindungsebenen (Flächen).

Die Bilder **125—127** zeigen drei verschiedene Formen; A, B, C, S, $\bar{S}$ sind die Ecken. Die Ebene $ABC = \pi$ ist hervorgehoben, p ist die Verbindungsgerade der Ecken S, $\bar{S}$.

Das vollständige räumliche Fünfflach wird gebildet von 5 Ebenen, von denen keine vier durch einen Punkt gehen, deren 10 Schnittgeraden (Kanten) und 10 Schnittpunkten (Ecken).

Die Bilder **128—130** zeigen drei verschiedene Formen; α, β, γ, σ, $\bar{\sigma}$ sind die Flächen. P ist der Schnittpunkt der Ebenen α, β, γ und p die Schnittgerade der Flächen σ, $\bar{\sigma}$.

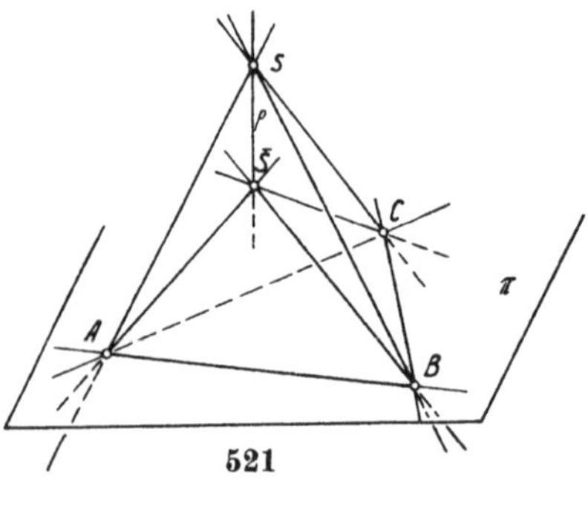

521

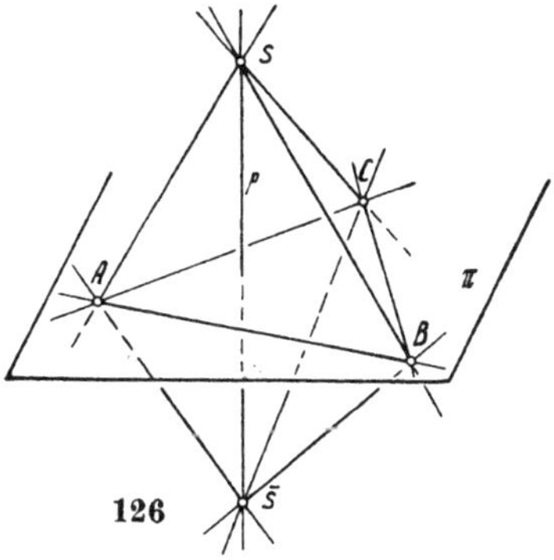

126

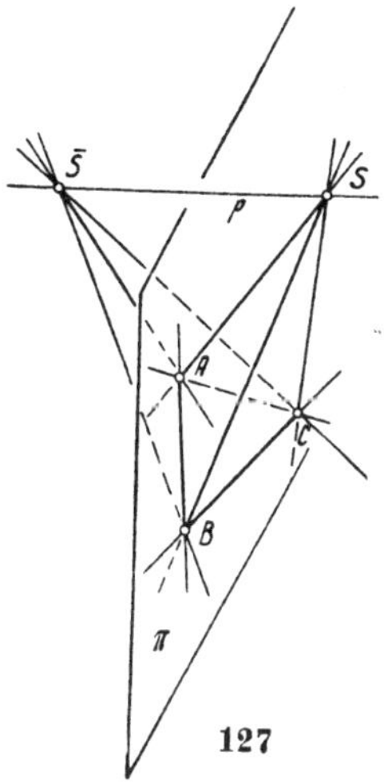

127

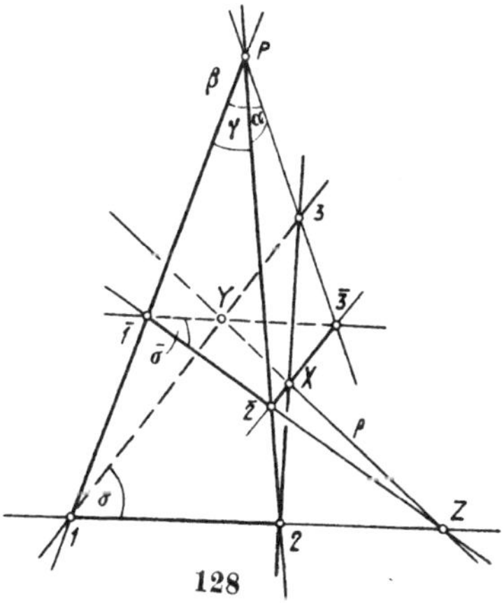

128

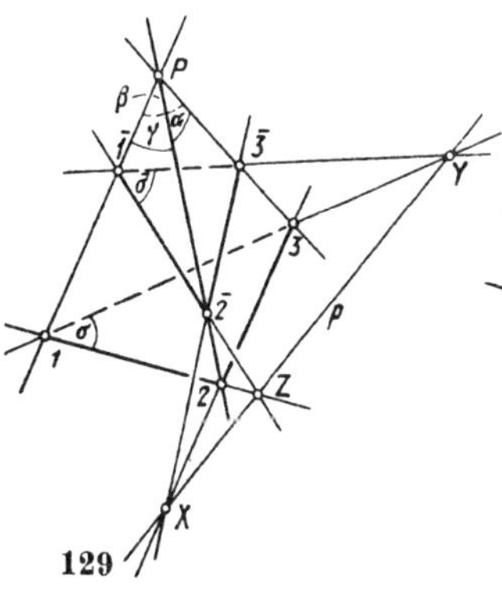

129

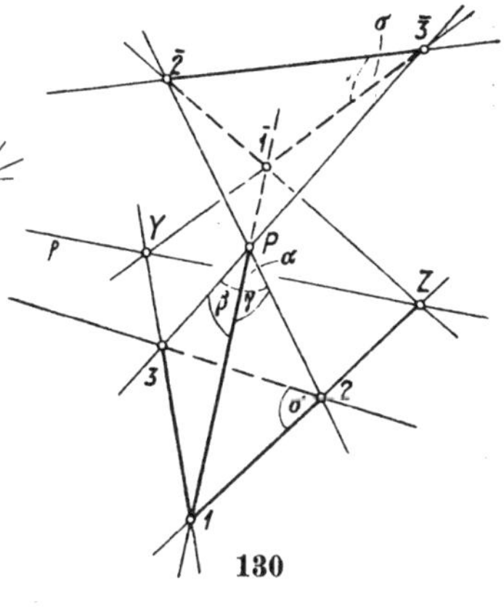

130

Der Leser versuche, sich ein möglichst klares Bild von diesen Figuren zu erarbeiten. Um sie besser überschauen zu können, wollen wir deren einzelne Elemente individualisieren.

Wir greifen drei der fünf Ecken heraus, diese mögen das Grunddreieck $A\,B\,C$ bilden, die beiden anderen Ecken S, $\bar{S}$ nennen wir die Zentren. Nun kann man sich die Figur aus zwei Dreiflachen, deren Kanten sich in A, B, C schneiden, zusammengesetzt denken.

Die 10 Seiten werden gebildet von den zweimal drei Kanten der beiden Dreiflache, ferner von den drei Seiten des Grunddreiecks und der Verbindungsgeraden der beiden Zentren.

Die 10 Flächen werden gebildet von den zweimal drei Flächen der beiden Dreiflache, ferner von den drei Verbindungsebenen der Geraden $p = S\bar{S}$ mit den Ecken A, B, C und der Verbindungsebene π der drei Punkte A, B, C.

Wir greifen drei der fünf Ebenen heraus, diese mögen das Grunddreiflach $\alpha\,\beta\,\gamma$ bilden, die beiden anderen Ebenen σ, $\bar{\sigma}$ nennen wir die Schnittebenen. Nun kann man sich die Figur aus zwei Dreiecken, deren Seiten durch α, β, γ verbunden sind, zusammengesetzt denken.

Die 10 Kanten werden gebildet von den zweimal drei Seiten der beiden Dreiecke, ferner von den drei Kanten des Grunddreiflachs und der Schnittgeraden der beiden Schnittebenen.

Die 10 Ecken werden gebildet von den zweimal drei Ecken der beiden Dreiecke, ferner von den drei Schnittpunkten der Geraden $p = \sigma\,\bar{\sigma}$ mit den Flächen α, β, γ und dem Schnittpunkt P der drei Ebenen α, β, γ.

Diese Art der Betrachtung eines räumlichen Fünfecks oder Fünfflaches führt zu folgendem Gesichtspunkt:

Zwei Scheine eines Dreiecks bilden mit diesem zusammen — entsprechend vervollständigt — ein vollständiges räumliches Fünfeck.

Zwei Schnitte eines Dreiflachs bilden mit diesem zusammen — entsprechend vervollständigt — ein vollständiges räumliches Fünfflach.

Bei dieser Betrachtungsweise des vollständigen räumlichen Fünfecks und Fünfflachs sind die Punkte und Ebenen einander nicht gleichgestellt: Zwei von ihnen sind als Zentren oder Schnittebenen vor den anderen drei ausgezeichnet. Nun kann man aber diese Auszeichnung von zwei Elementen unter fünfen auf zehn verschiedene Arten vornehmen. Z. B. als die beiden Zentren kann man wählen:

$S\bar{S}$, SA, SB, SC, $\bar{S}A$, $\bar{S}B$, $\bar{S}C$, AB, BC, CA.

Das räumliche Fünfeck und Fünfflach können also auf genau 10 verschiedene Arten, wie vorhin angegeben, betrachtet werden. Der Leser versuche, sich dies an Hand der Bilder vorzustellen.

Schließlich sei noch auf eine weitere Auffassungsweise hingewiesen:

Der Schein eines vollständigen räumlichen Vierecks bildet mit diesem zusammen ein vollständiges räumliches Fünfeck.

(Zum Beispiel $A\ B\ C\ S$ als Viereck, $\bar{S}$ als Zentrum.)

Der Schnitt eines vollständigen räumlichen Vierflachs bildet mit diesem zusammen ein vollständiges räumliches Fünfflach.

(Zum Beispiel $\alpha\ \beta\ \gamma\ \sigma$ als Vierflach, $\bar{\sigma}$ als Schnittebene.)

Dieser Schein ist ein vollständiges Vierkant.

Dieser Schnitt ist ein vollständiges Vierseit.

Jedes vollständige räumliche Fünfeck oder Fünfflach läßt sich auf 5 Arten in dieser Weise betrachten.

Die Desargues'schen Sätze. Die jetzt durchgeführte Betrachtung setzt uns nun ohne weiteres in stand, die Wahrheit des Desargues'schen Satzes zu durchschauen. Sehen wir nämlich davon ab, daß die Bilder **128—130** ebene Abbildungen *räumlicher* Gebilde bedeuten, so stellen sie, als ebene Figuren betrachtet, gerade die im ersten Abschnitt untersuchte Desargues'sche Konfiguration dar!

Zunächst aber bleiben wir bei den räumlichen Gebilden und können, indem wir das Vorhergehende nur etwas anders aussprechen, die *Desargues'schen Sätze für den Raum* formulieren:

Sind 1 2 3, $\bar{1}\,\bar{2}\,\bar{3}$ zwei einander zugeordnete (vollständige) Dreiflache, welche nicht beide einem Punkte angehören, und liegen die Schnittgeraden entsprechender Flächen in einer Ebene π, so gehen die Verbindungsebenen sich entsprechender Kanten durch eine Gerade p, die Verbindungsgerade der beiden Trägerpunkte der Dreiflache. (Bilder **125—127**, die Ebenen 1, 2 usw. sind hier nicht bezeichnet.)

Sind 1 2 3, $\bar{1}\,\bar{2}\,\bar{3}$ zwei einander zugeordnete (vollständige) Dreiecke, welche nicht beide einer Ebene angehören, und gehen die Verbindungsgeraden entsprechender Ecken durch einen Punkt P, so liegen die Schnittpunkte sich entsprechender Seiten in einer Geraden p, der Schnittgeraden der beiden Trägerebenen der Dreiecke. (Bilder **128—130**.)

Hat man die Bedeutung dieser Aussagen einmal erfaßt, so leuchtet auch deren Wahrheit auf Grund der Urphänomene L_1—L_7, V_1—V_5 unmittelbar ein. Auf die Durchführung des formellen Beweises verzichten wir hier.

Auch die „Umkehrungen" dieser Sätze durchschaut man sofort:

Sind 1 2 3, $\bar{1}\ \bar{2}\ \bar{3}$ zwei einander zugeordnete (vollständige) Dreiflache, welche nicht beide einem Punkte angehören, und haben entsprechende Kanten je eine Verbindungsebene (die notwendig durch die Verbindungsgerade p der beiden Trägerpunkte geht), so liegen die Schnittgeraden entsprechender Flächen in einer Ebene π, der Verbindungsebene der drei Schnittpunkte der entsprechenden Kanten.	Sind 1 2 3, $\bar{1}\ \bar{2}\ \bar{3}$ zwei einander zugeordnete (vollständige) Dreiecke, welche nicht beide einer Ebene angehören, und haben entsprechende Seiten je einen Schnittpunkt (der notwendig in der Schnittgeraden p der beiden Trägerebenen liegt), so gehen die Verbindungsgeraden entsprechender Ecken durch einen Punkt P, den Schnittpunkt der drei Verbindungsebenen der entsprechenden Seiten.

Wie steht es aber nun, wenn z. B. für die Sätze rechts die Ebenen $\sigma = 1\ 2\ 3$, $\bar{\sigma} = \bar{1}\ \bar{2}\ \bar{3}$ zusammenfallen? Wir können die Figur dann nicht mehr als vollständiges Fünfflach auffassen, und doch weisen die im ersten Abschnitt und mit den Bildern **82**—**87** gemachten Erfahrungen auch in diesem Falle auf die Richtigkeit der Sätze hin.

In der Tat, betrachten wir in den Bildern **131**—**133** die beiden in der Ebene ε liegenden, einander zugeordneten Dreiecke 1 2 3 und $\bar{1}\ \bar{2}\ \bar{3}$.

Wir setzen zuerst voraus, daß die Verbindungsgeraden $x = 1\,\bar{1}$, $y = 2\,\bar{2}$, $z = 3\,\bar{3}$ entsprechender Ecken durch einen Punkt P gehen. Es ist jetzt naheliegend, diese Figur als Bild einer *räumlichen* Desargues'schen Figur (wie **128** bis **130** in Wahrheit) aufzufassen. Was bedeutet das aber geometrisch? Das sieht man aus **131—133**. Man schaue sich zuerst das Dreiflach S 1 2, S 2 3, S 3 1 in Bild **131** an. Die Dreiecke 1 2 3 und UVW sind zwei verschie-

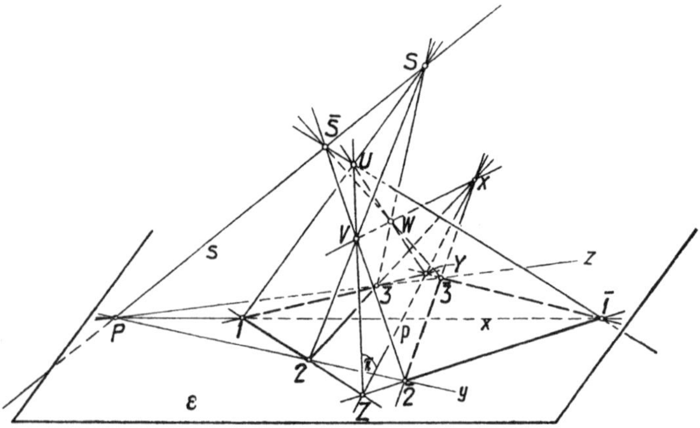

131

dene ebene Schnitte dieses Dreiflachs. Die Dreiecksebenen ε und $\pi = UVW$ bilden mit dem Dreiflach ein vollständiges Fünfflach. Dieses wird nun vom Punkte $\bar{S}$ aus auf die Ebene ε abgebildet, d. h. man bildet den Schein des vollständigen Fünfflaches von $\bar{S}$ aus und schneidet diesen mit ε. Z. B. ist $\bar{1}\,\bar{2}\,\bar{3}$ das Bild von $U\,V\,W$, P das Bild von S, 1 2 3 und p sind die Bilder von sich selbst. Wir müssen noch einsehen, daß man immer ein solches Fünfflach angeben kann.

Dazu ziehe man durch P irgend eine nicht in ε liegende Gerade s (nach L_6 möglich) und wähle auf ihr zwei von

P verschiedene Punkte $S, \bar{S}$ (nach L_1 möglich). In S bilde man den Schein von 1 2 3, in $\bar{S}$ den Schein von $\bar{1}\,\bar{2}\,\bar{3}$ (V_{14}). Die Geraden $S\,1$, $\bar{S}\,\bar{1}$ schneiden sich, da sie beide der Ebene $s\,x$ angehören (hier braucht man L_5 V_{14}, V_5'), in einem Punkte U (V_{34}), entsprechend $S\,2$, $\bar{S}\,\bar{2}$ in V und $S\,3$, $\bar{S}\,\bar{3}$ in W. Die Geraden 2 3, $\bar{2}\,\bar{3}$, $V\,W$ haben nun zu zweien je eine Verbindungsebene, gehen also notwendig durch *einen* Punkt X (nach Satz S. 31

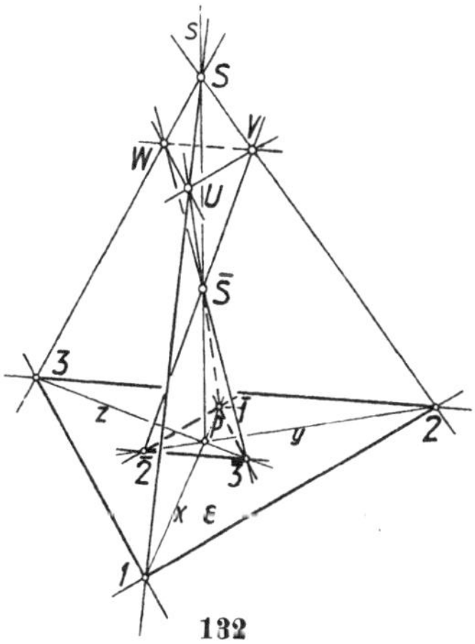

132

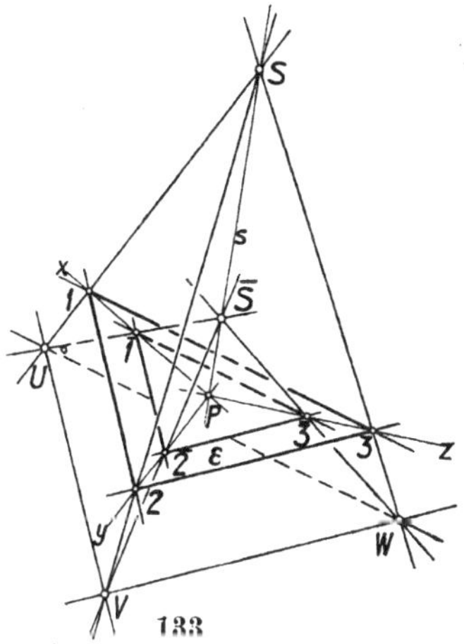

133

rechts), entsprechend gehen 3 1, $\bar{3}\,\bar{1}$, $W\,U$ durch *einen* Punkt Y und 1 2, $\bar{1}\,\bar{2}$, $U\,V$ durch *einen* Punkt Z. X, Y, Z liegen nun in einer Geraden, nämlich in der Schnittgeraden p der Ebene $\pi = U\,V\,W$ (Satz S. 30 links) mit der Ebene ε (V_{14}). Das wollten wir eben einsehen.

Setzen wir aber umgekehrt voraus, daß die Schnittpunkte X, Y, Z sich entsprechender Seiten in einer Geraden p liegen, so kann man wieder leicht ein Fünfflach aufbauen und so einsehen, daß dann x, y, z durch *einen* Punkt gehen. Wir legen dazu (nach L_1 möglich) eine von

ε verschiedene Ebene π durch p (siehe zuerst Bild **131**) und in ihr durch X, Y, Z drei nicht durch einen Punkt gehende Geraden, von denen keine mit p zusammenfällt. Sie bilden ein Dreieck $U\ V\ W$. (Daß man wirklich hierzu nichts anderes verwendet als L_1—L_7, V_1—V_5, sieht man so: Wähle zuerst eine von p verschiedene Gerade durch X in π (L_4), auf ihr einen von X verschiedenen Punkt V (L_1). Die Verbindungsgerade $V\,Z$ (V_{14}) liegt in π(V_5'), auf ihr wähle man einen von V und Z verschiedenen Punkt U (L_1), U liegt in π (L_5). Die Verbindungsgerade $U\ Y$ (V_{14}) liegt in π (V_5') und schneidet $V\,X$ in einem Punkt W (V_{34}); dabei ist W von V verschieden, weil sonst $U\,Z$ identisch mit $U\,Y$, also Z identisch mit Y wäre.) Die Geraden $1\,U$, $2\,V$, $3\,W$ und $\bar{1}\,U$, $\bar{2}\,V$, $\bar{3}\,W$ gehen notwendig je durch einen Punkt S und $\bar{S}$ (nach Satz S. 31 rechts oder nach Desargues'schem Satz für den Raum). Die Geraden $s = S\,\bar{S}$, $1\,\bar{1}$ liegen in der durch $1\,S$ und $\bar{1}\,\bar{S}$ bestimmten Ebene (L_5, V_{14}, V_5'), schneiden sich also (V_{34}). Entsprechend schneiden sich die Geraden s und $2\,\bar{2}$, s und $3\,\bar{3}$. Also gehen x, y, z alle drei durch den *einen* Schnittpunkt P von s mit ε (V_{25}).

Man kann die in diesen Überlegungen vorkommende räumliche Figur auch bei der bloßen Betrachtung der zwei Dreiecke $1\,2\,3$, $\bar{1}\,\bar{2}\,\bar{3}$ in einer Ebene gleichsam aus sich heraus produzieren. Man betrachte das Bild **6** und denke sich im rechten Auge den Punkt S, im linken Auge den Punkt $\bar{S}$. Dann bringe man die eigenen Blickstrahlen $S\,1$, $\bar{S}\,\bar{1}$ usw. zum Schnitt in U usw. Mit einiger Übung wird es gelingen, die ganze räumliche Figur auf diese Art ohne Zeichnung selbst zu schaffen!

Besinnen wir uns, was wir bei diesem „Beweisen" eigentlich taten. Wir haben die ursprünglich gegebenen beiden Dreiecke zu einer — hier räumlichen — Figur so erweitert, daß wir in ihren einzelnen Teilen unmittelbar die Urphänomene erblicken konnten. Schließlich erscheint dann die behandelte, in Frage stehende Konfiguration von Geraden und Punkten einer Ebene als eine Zusammenfügung der Grundphänomene. In diesem Augenblick wird uns auch der geometrische Sachverhalt klar! Die Einsicht in den Sachverhalt besteht also nicht etwa darin, sozusagen *hinter* den Dreiecken, Punkten, Geraden usw., kurz hinter den geometrischen Erscheinungen etwas Nicht-Geometrisches als Erklärungsgrund gefunden zu haben. Die Einsicht besteht vielmehr darin, daß diese Erscheinungen in ganz bestimmtem Zusammenhang vorgestellt werden können. Wozu haben wir das Denken verwendet? Nicht dazu, spekulativ *über* die Punkte, Geraden usw. *hinaus* etwas auszusagen, sondern dazu, die Grundphänomene in Reihen zusammenzufügen. *Wie* man gerade zu dieser bestimmten Zusammenfügung kommt, ergibt sich allerdings dem logischen Denken nicht, dazu ist geometrische Intuition nötig, deren Besitz eben den Mathematiker vom Nicht-Mathematiker unterscheidet. Genau so, wie der Geometer sein Denken verwendet im Reich der geometrischen Formen, verwendet Goethe — um ein naheliegendes Vergleichsbeispiel zu erwähnen — es im Reiche der Farben. Wie der Mathematiker in jedem mathematischen Sachverhalt die „Axiome", die selbst einfachste mathematische Sachverhalte darstellen, wiederzuerkennen sucht, so Goethe in jeder Farbenerscheinung die Urphänomene, *die selbst einfachste Farbenerscheinungen sind.* Im strengsten Sinne des Wortes übt so Goethe in seiner Naturwissenschaft eine Methode, die ganz besonders typisch in der Mathematik auftritt. —

Die vorhin angegebene Konstruktion zum Beweis des Desargues'schen Satzes läßt sich noch in einer ganz anderen Art auffassen: Die Punkte U, V, W, S, $\overline{S}$ bilden die Ecken eines vollständigen räumlichen Fünfecks. Schneidet man dieses mit einer Ebene ε (siehe Bilder **131** bis **133**, in **132** und **133** ist p die unendlichferne Gerade von ε), *so ergibt sich die Desargues'sche Konfiguration!* Deren 10 Punkte sind die Schnittpunkte mit den 10 Kanten, deren 10 Geraden die Schnittgeraden mit den 10 Flächen des vollständigen räumlichen Fünfecks. Die Ecken des Fünfecks sind dabei individualisiert, indem die drei Punkte U, V, W als ein Dreieck bildend den zwei Punkten S, $\overline{S}$ gegenüberstehen. Die Desargues-schen Dreiecke 1 2 3, $\overline{1}$ $\overline{2}$ $\overline{3}$ sind nun Schnitte der Dreikante $S\,(U\ V\ W)$ und $\overline{S}\,(U\ V\ W)$. Da sich das räumliche Fünfeck auf 10 verschiedene Arten (siehe S. 103) in dieser Weise auffassen läßt, so liefert entsprechend der ebene Schnitt ε des Fünfecks 10 verschiedene Paare von Desargues'schen Dreiecken (siehe S. 6 und zugehörige Bilder **12**—**15**).

So haben wir den ebenen Desargues'schen Satz vollständig in den Zusammenhang mit den einfachsten Tatsachen des Verbindens und Schneidens hineingestellt, und er erscheint nun selbstverständlich. Wir sprechen ihn nochmals aus:

(**1**) Gehen die Verbindungsgeraden sich entsprechender Ecken zweier einander zugeordneter Dreiecke einer Ebene durch einen Punkt, so liegen die Schnittpunkte sich entsprechender Seiten in einer Geraden.

(**2**) Liegen die Schnittpunkte sich entsprechender Seiten zweier einander zugeordneter Dreiseite einer Ebene in einer Geraden, so gehen die Verbindungsgeraden sich entsprechender Ecken durch einen Punkt.

Die Umkehrung des einen Satzes liefert den anderen, in der Ebene zu ihm polaren Satz.

Ein ebener Schnitt eines vollständigen räumlichen Fünfecks ergibt die ebene Desargues'sche Konfiguration, und jede solche läßt sich als ein solcher Schnitt betrachten.

Stellen wir die zu diesen Aussagen *räumlich polaren* Sätze auf, so ergibt sich die Desargues'sche Konfiguration in der Geometrie des Punktes:

(**1**)* Liegen die Schnittgeraden sich entsprechender Flächen zweier einander zugeordneter Dreiflache eines Punktes in einer Ebene, so gehen die Verbindungsebenen sich entsprechender Kanten durch eine Gerade (Bild **134**).

(**2**)* Gehen die Verbindungsebenen sich entsprechender Kanten zweier einander zugeordneter Dreikante eines Punktes durch eine Gerade, so liegen die Schnittgeraden sich entsprechender Flächen in einer Ebene (Bild **134**).

Die Umkehrung des einen Satzes liefert den anderen, im Punkte zu ihm polaren Satz.

Ein Schein eines vollständigen räumlichen Fünfflachs ergibt die zentrische Desargues'sche Konfiguration, und jede solche läßt sich als ein solcher Schein betrachten.

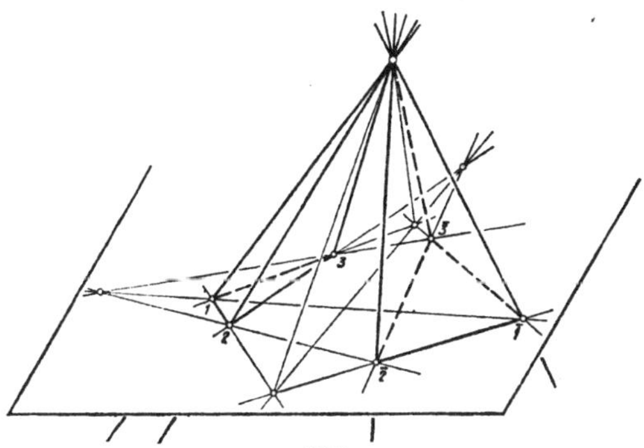

134

Satz (**1**)* ist räumlich polar zu (**1**), (**2**)* zu (**2**). Aber man erhält den Satz (**1**)* aus (**2**) und den Satz (**2**)* aus (**1**) auch dadurch, daß man von der ebenen Desargues-Figur den Schein in irgend einem Punkte nimmt; dies ist in Bild **134** dargestellt. Umgekehrt ergeben sich (**1**) aus (**2**)* und (**2**) aus (**1**)* durch Schnittbildung.

Die Polaritätsgesetze. Der eben geschilderte Tatbestand kommt im folgenden Schema zum Ausdruck:

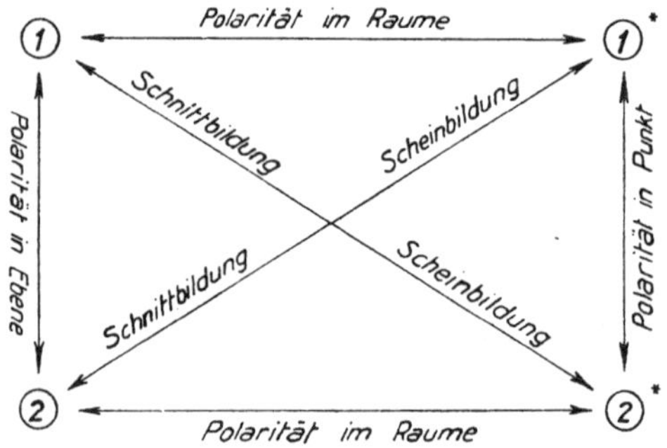

Wir haben nun genügend geometrische Erfahrungen gesammelt, um einzusehen, daß dieses Schema auf eine ganz allgemeine Gesetzmäßigkeit hindeutet. Im vierten Abschnitt (S. 45 f.) sprachen wir von der Polarität in der Ebene. Es drängt sich dabei die Frage auf, in welcher Art diese mit der Polarität im Raume zusammenhängt. Das wollen wir jetzt untersuchen. Angenommen, der Satz (**1**) spreche einen Tatbestand für die Geometrie der Ebene aus. *Der Satz* (**1**) *erweise sich dadurch als geometrische Wahrheit, daß er sich zurückführen läßt auf ein System von Urphänomenen, welches selbst räumlich polar aufgebaut ist,* wie z. B. der ebene Desargues'sche Satz auf das System $\mathbf{L}_1$—$\mathbf{L}_7$, $\mathbf{V}_1$—$\mathbf{V}_5$. Ersetzt man die in der Zurückführung (oder Ableitung) der Tatsache (**1**) auftretenden Urphänomene durch die polaren, so ergibt sich die zu (**1**) räumlich polare Tatsache (**1**)*. Zum Tatbestand (**1**) für eine Ebene tritt so polar dazu ein Tatbestand (**1**)* für einen Punkt (als Bündel betrachtet) auf. Z. B. werden dabei die folgenden gegenübergestellten Begriffe vertauscht — im zweiten Teil dieser Schrift kommen noch andere dazu —:

Ebene	Punkt
Gerade	Gerade
liegen in	gehen durch
verbinden	schneiden.

Schneiden wir jetzt die Figur des Bündels, welche zum Satz (**1**)* gehört, mit einer Ebene, so ergibt sich eine bestimmte ebene Figur. Geraden werden in Punkten, Ebenen in Geraden geschnitten, aus einer Anzahl in einer Ebene des Bündels liegender Geraden des Bündels werden Punkte einer Punktreihe, aus einer Anzahl durch eine Gerade gehender Ebenen des Bündels werden Geraden eines Strahlenbüschels. Die Tatsache (**1**)* im Bündel hat eine Tatsache (**2**), die in der ebenen Schnittfigur zum Ausdruck kommt, zur Folge. *Durch die räumliche Polarität und nachfolgende Schnittbildung gesellt sich also zu jedem Tatbestand* (**1**) *der ebenen Geometrie ein anderer zugehöriger Tatbestand* (**2**) *der ebenen Geometrie.* Voraussetzung ist dabei, daß (**1**) ein Satz von der anfangs angegebenen Art ist. Verfolgt man die beiden Prozesse, so sieht man, daß in den Sätzen (**1**) und (**2**) z. B. folgende nebeneinandergestellte Begriffe ausgetauscht erscheinen:

Punkt	Gerade
liegen in	gehen durch
verbinden	schneiden
Punktreihe	Strahlenbüschel.

Aus einem System von Urphänomenen, welches selbst räumlich polar aufgebaut ist, ergibt sich also mit Hilfe von Schnittbildung ein Polaritätsgesetz für die Geometrie der Ebene.

Schließlich können wir zum Satz (**2**) der Geometrie der Ebene wieder den räumlich polaren Satz (**2**)* für die Geometrie des Punktes aufstellen. Dabei erscheinen nun in den Sätzen (**1**)* und (**2**)* für die Punktgeometrie z. B. folgende Begriffe ausgetauscht:

Ebene	Gerade
gehen durch	liegen in
schneiden	verbinden
Ebenenbüschel	Strahlenbüschel.

So ergibt sich ein *Polaritätsgesetz für die Geometrie des Punktes. Dieses entsteht durch Polarisieren des Polaritätsgesetzes für die Geometrie der Ebene.*

Mit einem Satz der ebenen oder der punktuellen Geometrie von der anfangs angegebenen Art sind also *immer* noch drei weitere Sätze verknüpft.

Wir erhielten die vier Sätze in der Reihenfolge:

$$(\mathbf{1}) \xrightarrow[\text{im Raum}]{\text{Polarität}} (\mathbf{1})^* \xrightarrow{\text{Schnittbildung}} (\mathbf{2}) \xrightarrow[\text{im Raum}]{\text{Polarität}} (\mathbf{2})^* .$$

Man könnte aber, was dem Leser zum Durchdenken überlassen werde, auch so vorgehen:

$$(\mathbf{1}) \xrightarrow{\text{Scheinbildung}} (\mathbf{2})^* \xrightarrow[\text{im Raum}]{\text{Polarität}} (\mathbf{2}) \xrightarrow{\text{Scheinbildung}} (\mathbf{1})^* .$$

Alle Möglichkeiten sind im obigen Schema (S. 112) zusammengefaßt. Am besten macht man sich diese Verhältnisse zuerst an den anfangs dieses Kapitels betrachteten Grundfiguren, dann an den vier Formen des Desargues'schen Satzes klar. Zum Beispiel studiere man zuerst das Schema:

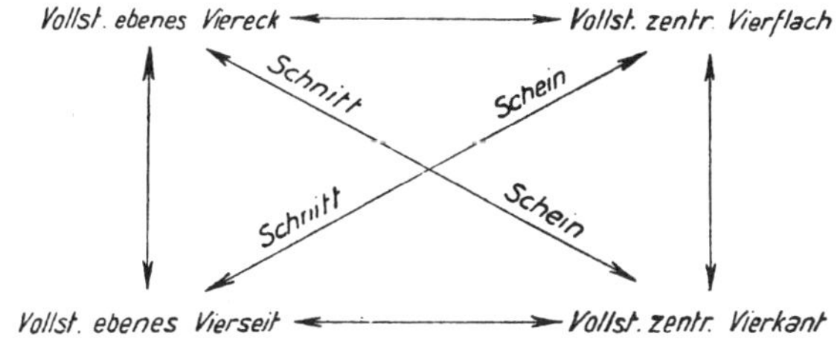

Von jedem solchen Tatbestand kommt man zu einem anderen gemäß dem allgemeinen Schema auf fünf Weisen, entweder direkt, oder auf zwei Arten auf einem zweigliedrigen, oder auf zwei Arten auf einem dreigliedrigen Wege, z. B. von (**1**) nach (**2**) so:

(**1**) → (**2**), (**1**) → (**1**)* → (**2**), (**1**) → (**2**)* → (**2**),

(**1**) → (**1**)* → (**2**)* → (**2**), (**1**) → (**2**)* → (**1**)* → (**2**). —

Hier ist noch nicht der Ort, auszuführen, welche bedeutsamen Lichtblicke diese zunächst rein geometrischen Polaritätsgesetze für eine geistgemäße Naturbetrachtung zu geben imstande sind. —

6. Moebius-Netze und der Fundamentalsatz

Ebene Moebius-Netze. Ein vollständiges Dreieck ist etwas in sich Geschlossenes. Alle Verbindungsgeraden der drei Ecken sind mit den Seiten schon gezogen, alle Schnittpunkte der drei Seiten liegen schon in den drei Ecken vor. Die Figur bietet also von sich aus keinen Anlaß, weitere Elemente hinzuzufügen.

Ganz anders verhält es sich beim Viereck. Zieht man seine sechs Seiten (S. 89 f.), so liefern diese drei neue Punkte P, Q, R, die Nebenecken. Diese verbunden ergeben das Nebendreieck des vollständigen Vierecks. Dessen Seiten schneiden die sechs Viereckseiten in den neuen Punkten P_1, P_2, Q_1, Q_2, R_1, R_2, dieses Stadium gibt Bild **135**.

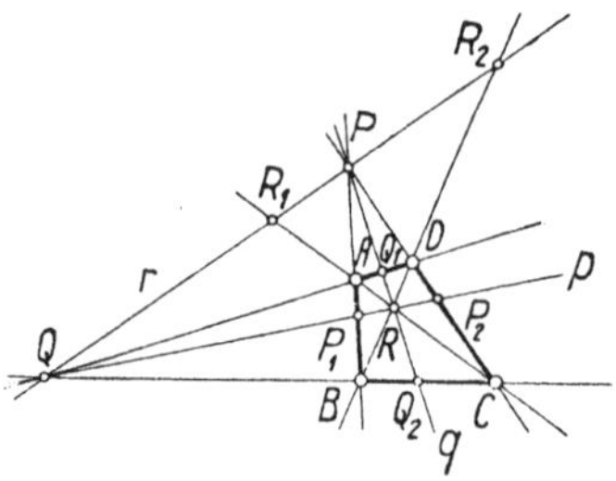

135

Aus der geometrischen Anschauung ist leicht zu überblicken, daß man immer weiter neue Punkte verbinden und neue Geraden schneiden kann. *Dieses niefertige, aus einem Ausgangsviereck entstehende, immer mehr Punkte und Geraden enthaltende Gebilde des ebenen Feldes nennt man ein ebenes Moebius-Netz,* da der Mathematiker *August Ferdinand Moebius* diese Netze zuerst untersuchte*. In diesem Kapitel wollen wir versuchen, deren Struktur zu durchschauen.

* Der barycentrische Calcul, Leipzig 1827.

Zeichnerische Versuche lassen vermuten, daß die Verbindungsgeraden $P_1 Q_2 = b$, $P_2 Q_1 = d$ durch R_1 und $P_1 Q_1 = a$, $P_2 Q_2 = c$ durch R_2 laufen (Bilder **136** und **137**, in letzterem denke man sich den dem Innern von

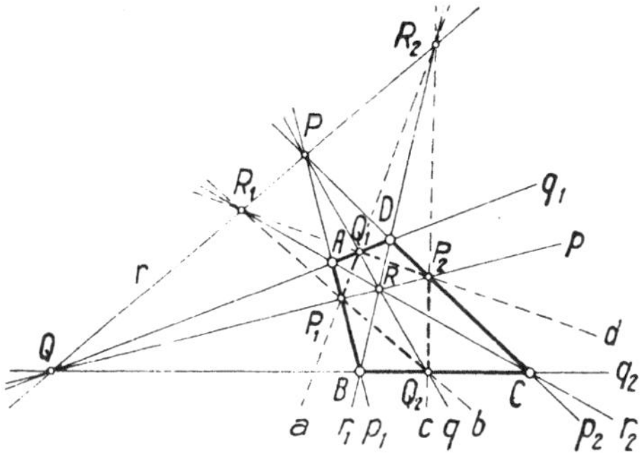

136

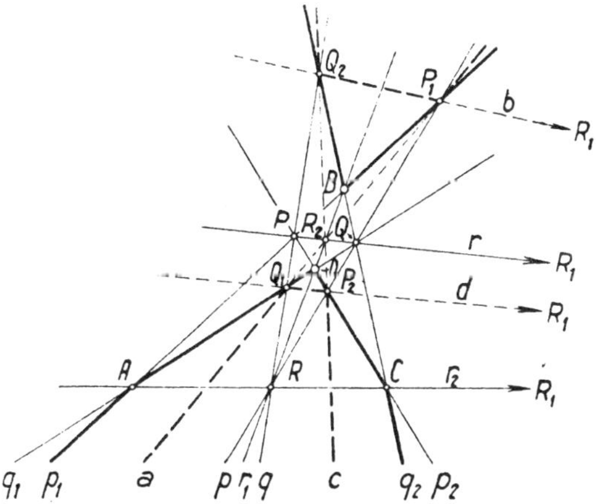

137

A B C D in **136** entsprechenden Ebenenteil durch das Unendliche verlaufend). Daß dies wahr ist, zeigt der Desargues'sche Satz. Wir wollen zuerst beweisen, daß $P_1 Q_2$ durch R_1 geht. Dazu betrachte man die beiden Dreiecke $P Q R$ und $C A B$. Ordnen wir die Ecken

P und C, Q und A, R und B einander zu, so gehen nach Konstruktion der Figur deren Verbindungsgeraden durch *einen* Punkt, nämlich D, also müssen die Schnittpunkte entsprechender Seiten, nämlich R_1, P_1 und Q_2 in einer Geraden liegen, was wir einsehen wollten. Schematisch dargestellt:

$$\left.\begin{array}{l} P-C \\ Q-A \\ R-B \end{array}\right> \text{durch } D, \text{ also } \left\{\begin{array}{l} R_1 = (PQ, CA), \\ P_1 = (QR, AB), \\ Q_2 = (RP, BC) \end{array}\right\} \begin{array}{l} \text{in einer} \\ \text{Geraden } b. \end{array}$$

Für die übrigen drei Verbindungen geben wir bloß das Beweisschema an:

$$\left.\begin{array}{l} P-B \\ Q-D \\ R-C \end{array}\right> \text{durch } A, \text{ also } \left\{\begin{array}{l} R_2 = (PQ, BD), \\ P_2 = (QR, DC), \\ Q_2 = (RP, CB) \end{array}\right\} \begin{array}{l} \text{in einer} \\ \text{Geraden } c. \end{array}$$

$$\left.\begin{array}{l} P-A \\ Q-C \\ R-D \end{array}\right> \text{durch } B, \text{ also } R_1, P_2, Q_1 \text{ in einer Geraden } d.$$

$$\left.\begin{array}{l} P-D \\ Q-B \\ R-A \end{array}\right> \text{durch } C, \text{ also } R_2, P_1, Q_1 \text{ in einer Geraden } a.$$

Die entstandene Figur hat nun sehr merkwürdige Eigenschaften und spielt in der Geometrie, wie wir an einem Beispiel auch im nächsten Abschnitt sehen werden, eine wichtige Rolle. Wir wollen sie die *harmonische Grundfigur* nennen. Sie besteht aus miteinander verwobenem Viereck $A\,B\,C\,D$ und Vierseit $a\,b\,c\,d$. Die Bezeichnungen der auftretenden Geraden entsprechen denen der Punkte:

$$\begin{array}{lll} P = (AB, CD) & Q = (BC, DA) & R = (AC, BD) \\ p = (ab, cd) & q = (bc, da) & r = (ac, bd) \\ P_1 = (AB, QR) & Q_1 = (AD, RP) & R_1 = (AC, PQ) \\ p_1 = (ab, qr) & q_1 = (ad, rp) & r_1 = (ac, pq) \text{ usw.} \end{array}$$

Das Viereck und Vierseit haben das vollständige Dreieck PQR *zum gemeinsamen Nebendreieck. Die ganze Figur besteht aus* $4 + 3 + 3 \cdot 2 = 13$ *Punkten und ebensovielen Geraden und ist überhaupt in der Ebene zu sich selbst polar:*

$ABCD$ mit PQR	$abcd$ mit pqr
und $P_1, P_2, Q_1, Q_2, R_1 R_2$	und $p_1, p_2, q_1, q_2, r_1, r_2$.

Besonders übersichtlich wird die harmonische Grundfigur, wenn eine Seite des Nebendreiecks die unendlichferne Gerade der Ebene ist, wie $PQ = r$ in Bild **138**.

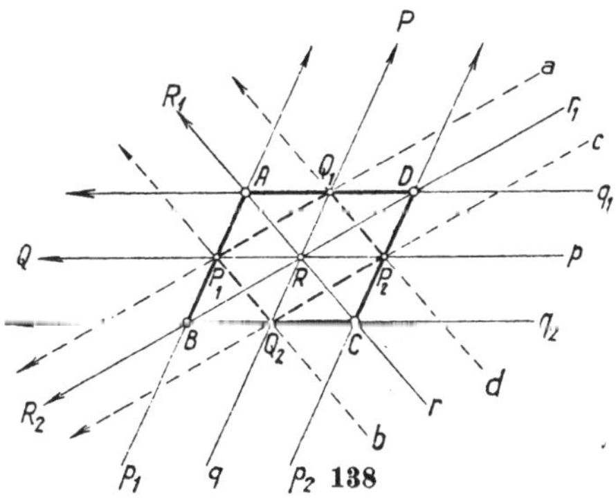

138

In den Figuren **136—138** fallen je viermal entsprechend bezeichnete Punkte und Geraden ineinander, nämlich P_1 auf p_1, P_2 auf p_2, Q_1 auf q_1 und Q_2 auf q_2. Das ist aber nicht im Wesen der Figur begründet, sondern in der Art der Bezeichnung des Vierseits a, b, c, d. Man vertausche z. B. a mit c, b mit d und bezeichne demgemäß die weiteren Geraden: es werden gar keine Punkte in den entsprechenden Geraden liegen.

Als Übung konstruiere man die harmonische Grundfigur aus einem gegebenen Vierseit *a b c d* als Ausgangsgebilde.

Nach dieser Vorbetrachtung wollen wir das Netz nach einem wohlbestimmten Verfahren aufbauen. Ausgehend vom Grundviereck *A B C D*, wählen wir eine der Seiten des Nebendreiecks *P Q R*, in Bild **139** die Seite $PQ = r$, mit den schon in der harmonischen Grundfigur betrachteten Punkten R_1, R_2. An das Viereck *A B C D* setzen wir jetzt im Zweitakt weitere Vierecke an, indem wir abwechselnd die Strahlenbüschel *P* und R_1 benützen. Die neuen Punkte sind in **139** in der Folge numeriert, nach der sie konstruiert wurden:

$$R_1B \rightarrow 1,\ P1 \rightarrow 2\,;\ R_12 \rightarrow 3,\ P3 \rightarrow 4\,;\ R_14 \rightarrow 5, P5 \rightarrow 6, \cdots.$$

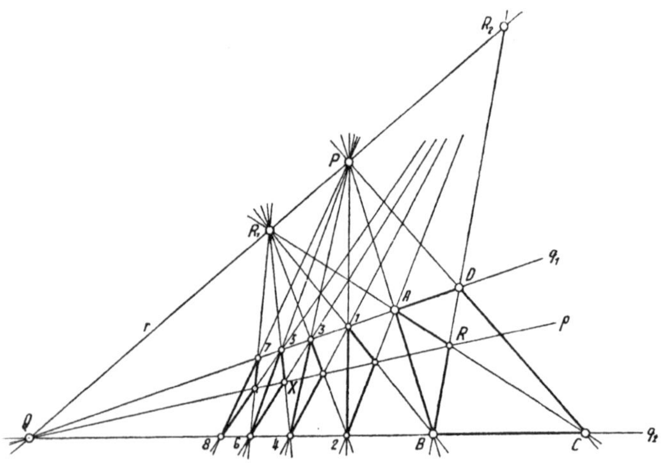

139

Man setze die Konstruktion auch nach der anderen Seite hin fort. Es ergibt sich so zwischen den Geraden q_1 und q_2 eine erste Vierecksreihe, von der wir zwei Eigenschaften weiter gebrauchen: Erstens liegen die

Schnittpunkte (14, 23), (36, 45) usw. alle in der Geraden $p = Q\,R$. Daß dies eine unmittelbare Folge des Desargues'schen Satzes ist, zeigten wir schon im ersten Abschnitt (S. 9 und Figuren **20**, **21**). Zweitens laufen die Seiten 2 A, 4 1, 6 3, ... der entstandenen, in Bild **139** hervorgehobenen Dreiecke alle durch R_2. Betrachtet man nämlich ein beliebiges dieser Dreiecke, z.B. 56 X, zusammen mit dem Dreieck $A\,B\,R$ und ordnet die Ecken A und 5, B und 6, R und X einander zu, so gehen deren Verbindungsgeraden durch den Punkt Q; der Schnittpunkt ($B\,R$, 6 X) muß also mit den Punkten P und R_1 in einer Geraden liegen, d.h. 6 X geht durch R_2. Man kann diese Figur also auch im Dreitakt aufbauen, die Strahlenbüschel R_1, P, R_2 etwa in dieser Folge benützend. Wir werden sie jetzt unter abwechselnder Anwendung zweier Schritte immer mehr erweitern.

Erster Schritt: Wir richten die Aufmerksamkeit auf die in Bild **140** hervorgehobenen Dreiecke. Für zwei übereinanderstehende dieser Dreiecke (z.B. $B\,C\,R$ und $A\,D\,N$) können wir die in der Geraden r liegenden Punkte Q, R_1, R_2 als Schnittpunkte je zweier entsprechender Seiten annehmen, die Verbindungsgeraden entsprechender Ecken ($A\,B$, $C\,D$, $R\,N$) gehen also durch einen Punkt. Demnach laufen die Verbindungen $R\,N$, $\overline{R}\,\overline{N}$, $\overline{\overline{R}}\,\overline{\overline{N}}$, ... alle durch P.

Zweiter Schritt: Jetzt schauen wir uns die Dreieckspaare $B\,R\,\overline{R}$ und $A\,N\,\overline{N}$, 2 $\overline{R}\,\overline{\overline{R}}$ und 1 $N\overline{\overline{N}}$ usw. an. Wir ordnen im ersten Paar die Ecken A und B, R und N, $\overline{R}$ und $\overline{N}$ einander zu, entsprechend für die anderen Dreiecke. Da die Verbindungsgeraden dieser zugeordneten Ecken durch P gehen, liegt der Schnittpunkt der entsprechenden Seiten $R\,\overline{R}$ und $N\,\overline{N}$ bzw. $\overline{R}\,\overline{\overline{R}}$ und

$\overline{N}$ $\overline{\overline{N}}$ usw. mit den Punkten R_1 und R_2 in einer Geraden. Die Punkte N, $\overline{N}$, $\overline{\overline{N}}$, ... liegen also in einer Geraden $\overline{p}$ durch Q (Bild **141**).

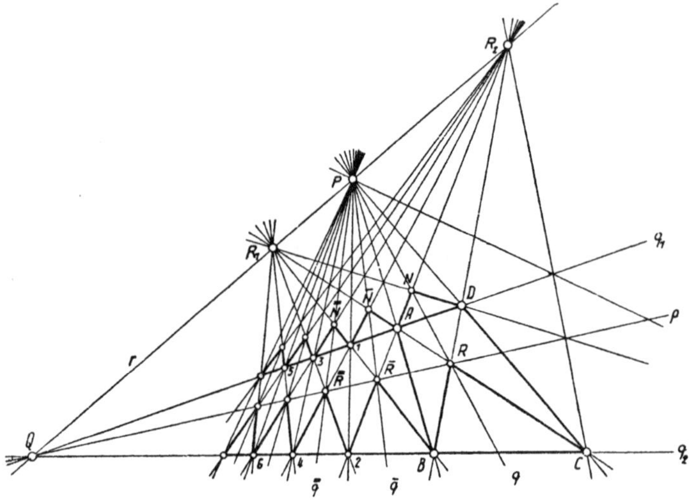

140

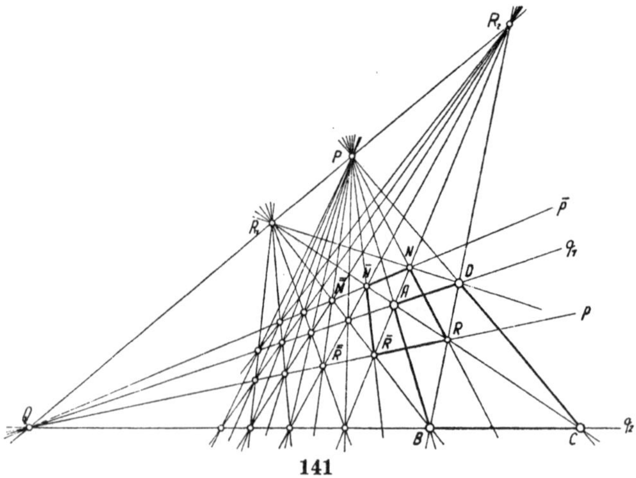

141

Mit diesen zwei Schritten ist eine neue Reihe von Vierecken ($R\,N\,\overline{N}\,\overline{R}$, $\overline{R}\,\overline{N}\,\overline{\overline{N}}\,\overline{\overline{R}}$, ...) zwischen den Geraden p und $\overline{p}$ gewonnen. Auf die neue Vierecksreihe wenden wir wieder die beiden angegebenen Verfahren an, ebenso auf die dadurch erhaltene neue Reihe, und so denken wir uns das immer weiter fortgesetzt. Es ergibt sich dadurch das Netz von Maschen erster Ordnung (Bild **142**).

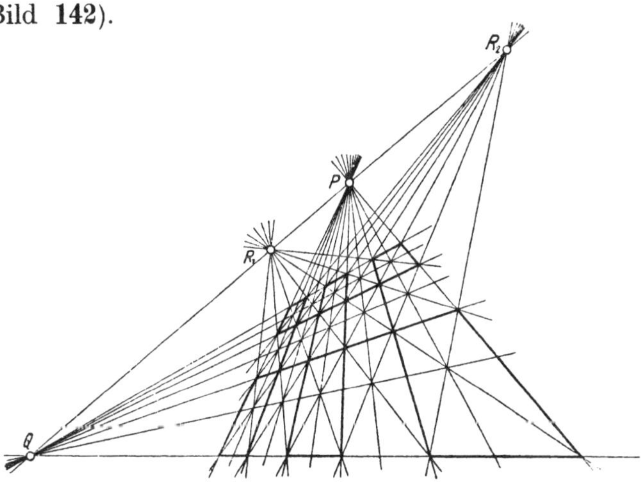

142

Bild **143** entspricht Bild **137**, die beiden ersten Maschen $A\,B\,C\,D$, 12 $B\,A$ erstrecken sich über das Unendliche.

Jede Masche erster Ordnung können wir aufteilen in 4 Maschen zweiter Ordnung, z. B. die Masche $ABCD$ in die vier in der harmonischen Grundfigur (**136**, **137**) vorkommenden Vierecke AP_1RQ_1, BQ_2RP_1, CP_2RQ_2, DQ_1RP_2. Diese lassen sich wieder weiter zerlegen, so daß eine Masche erster Ordnung in 4 Maschen 2. Ordnung, in $4 \cdot 4 = 16$ Maschen 3. Ordnung, in $4 \cdot 4 \cdot 4 = 64$ Maschen 4. Ordnung usw. usw. aufgeteilt wird. Man studiere in diesem Zusammenhang auch Bild **144**.

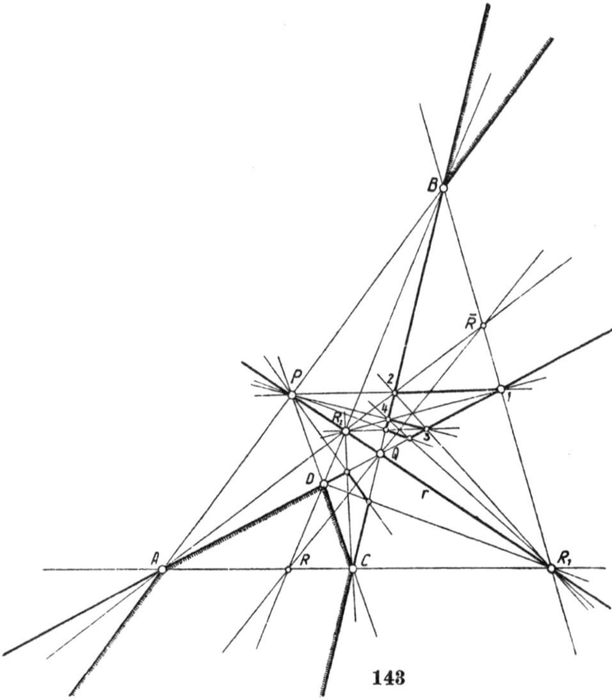

143

Dem Leser sei hier folgende vorzügliche Übung empfohlen: Man zeichne die harmonische Grundfigur und von $ABCD$ aus, wie gezeigt, das Netz. Ausgehend vom Vierseit $a\,b\,c\,d$ der harmonischen Grundfigur zeichne man nun das durch die in der Ebene polaren Konstruktionen entstehende Gebilde. Also statt die Punkte $(R_1 B, q_1) = 1$, $(P\,1, q_2) = 2$ usw. konstruiere man die Geraden $(r_1 b, Q_1) = 1$, $(p\,1, Q_2) = 2$ usw. —

Statt das Netz von $ABCD$ aus zu bilden, können wir auch anders vorgehen. Ich denke mir drei beliebige Punkte (P, Q, R_1) auf einer Geraden (r) gegeben, von diesen her strahle je eine Gerade. Diese drei Geraden sollen ein Dreieck (A, B, C) bilden. Damit ist der Anlaß zur weiteren Netzbildung gegeben, was in Bild **145** an-

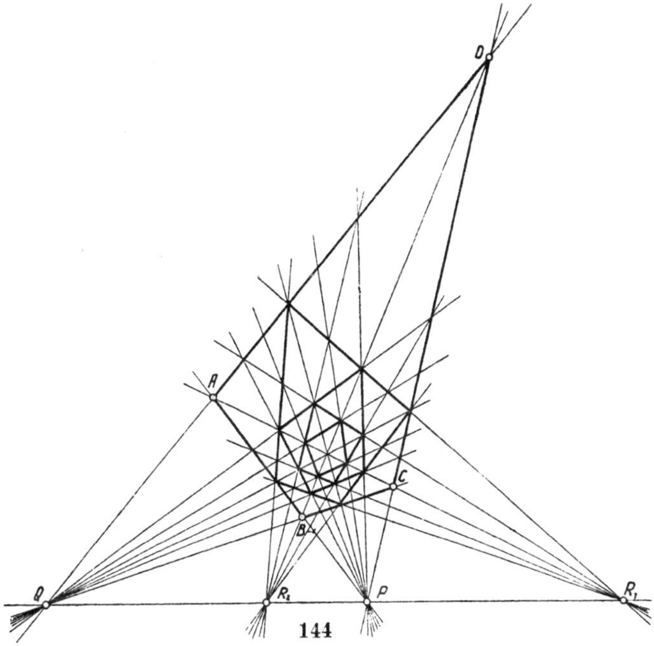

144

gedeutet ist. Damit können wir uns einen wichtigen neuen Gesichtspunkt aneignen. Man denke sich nämlich jetzt die Gerade r als die unendlichferne Gerade der

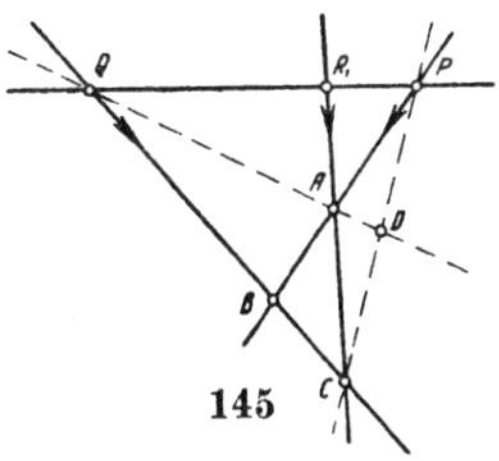

145

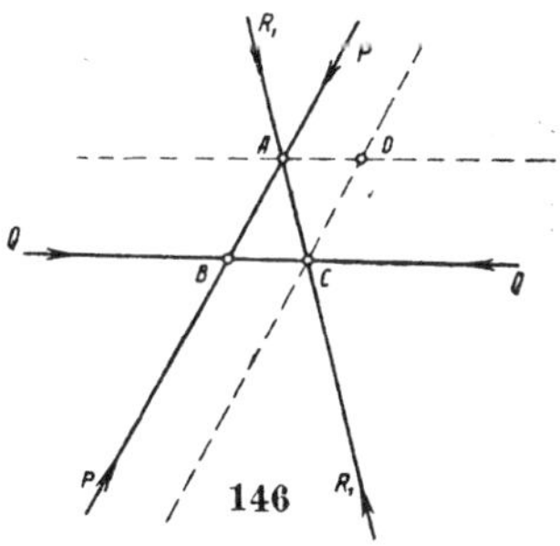

146

Ebene, und von den drei unendlichfernen Punkten P, Q, R_1 her Geraden strahlen (Bild **146**). Das entstehende Moebius-Netz ist ein Parallelogramm-Netz! (Bild **147**).

Das Gleichmaß ergibt sich also erst dadurch, daß das Unendlichferne in eine besondere Beziehung zum Endlichen getreten ist. Halten wir fest: *Um das Gleichmaß (z. B. Mittelpunkt einer Strecke) ins Gesamtgefüge der Geometrie einzuordnen, müssen wir uns zu dem für unsere Anschauung Unendlichfernen des Raumes aufschwingen.*

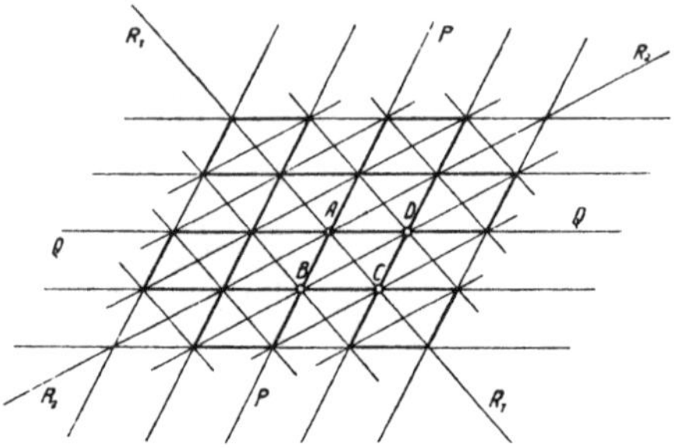

147

Aber nirgends innerhalb des durch die Urphänomene **L**, **V** und **U** (S. 75) bedingten Gebietes läßt sich ein Umstand auffinden, der eines dieser Parallelogramm-Netze vor einem anderen auszeichnen würde. Hier ist die geeignete Stelle, eine besondere Beziehung zweier Geraden, nämlich ihr zueinander Senkrechtstehen, in die Betrachtung hereinzunehmen. Unter allen Parallelogramm-Netzen erscheinen uns besonders die Rechtecksnetze, unter diesen wieder das Quadratnetz ausgezeichnet. Ein Rechtecksnetz ergibt sich, wenn die von P, Q aus strahlenden Geraden einen rechten Winkel bilden, ein Quadratnetz, wenn auch noch die von R_1, R_2 aus strahlenden Geraden senkrecht zueinander stehen (Bild **148**).

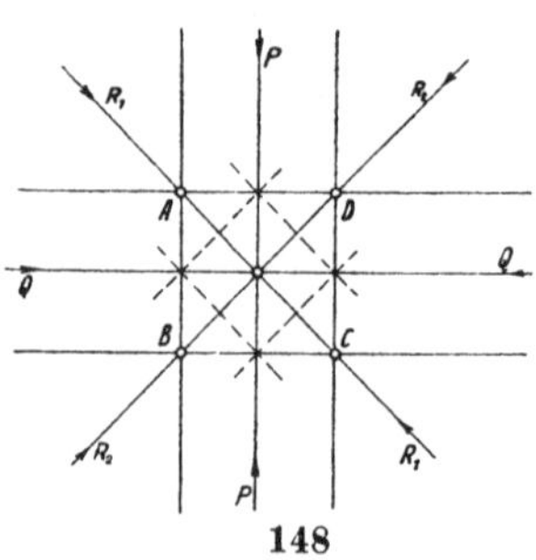

148

Der rechte Winkel stellt uns gegenüber den **L**, **V**, **U** *ein vollständig neues Urphänomen dar.* Der rechte Winkel läßt sich zunächst in keiner Weise im Zusammenhang mit den anderen Grundphänomenen erblicken. Dadurch hat er etwas Rätselhaftes, wie jedes Ding, das uns außerhalb jedes Zusammenhanges entgegentritt. Die neuere Geometrie ist aber — vor allem durch *Christian von Staudt* (1798—1867) — zu diesem vorgedrungen, indem sie mit Hilfe der sogenannten Polarsysteme zum Begriff des Imaginären aufstieg, wie im 2. Teil ausgeführt werden soll. Das Imaginäre brauchen wir auch, um das Urteil „zwei Figuren haben dieselbe Form und Größe" im Zusammenhang mit den Tatsachen **L**, **V**, **U** zu schauen. Halten wir fest: *Um den rechten Winkel und die Gleichheit der Form und Größe einer Figur ins Gesamtgefüge der Geometrie einzuordnen, müssen wir überhaupt aus dem Raume unserer Anschauung hinaus zum Imaginären aufsteigen.*

Mit dem eben Ausgesprochenen greifen wir zwar unseren Betrachtungen weit vor. Trotzdem sei eine noch weitergehende Bemerkung hinzugefügt, damit der Leser sehen kann, zu welchen Zielen unsere Ausführungen als allerelementarste Vorbereitungen dienen sollen. Um das Pflanzenleben, nicht nur dessen physische Grundlagen, zu verstehen, müssen wir aufsteigen zu den Ätherkräften, die aus dem Umkreis des Weltenalls hereinwirken. Um das Empfindungsleben und die damit verbundene Tiergestalt zu verstehen, müssen wir über den Raum hinaus zu den astralischen Kräften vordringen. Die polaren Ordnungen des Physischen und Ätherischen und die sie beide durchdringende Ordnung des Astralischen sind auch in der Geometrie — wenn auch in abstrakter Form — wiederzufinden. Man kann dann auch besser verstehen, wie tief begründet der Satz ist, mit dem *Rudolf Steiner* einmal die Mathematik erklärte:

„Die *Mathematik* ist die abstrahierte Summe der im Raume wirkenden Kräfte. Wenn man sagt: die mathematischen Sätze gelten apriorisch, so beruht das darauf, daß der Mensch in denselben Kraftlinien darinnen ist wie die andern Wesen, und daß er abstrahieren kann von allem andern, was nicht Raumes- etc. *Schema* ist."

(Aus einer Fragebeantwortung aus dem Jahre 1919, veröffentlicht in der Zeitschrift „Anthroposophie" Buch 3/4, 1935, S. 286 f.) —

Ein Leser könnte die Frage stellen, warum hier die Struktur der Moebius-Netze nicht zuerst am Quadratnetz, wo infolge der verschiedenen Symmetrien die auf den letzten Seiten bewiesenen Eigenschaften ganz selbstverständlich erscheinen, dargestellt worden sei. Der Grund liegt darin, daß dann diese Eigenschaften nicht so durchsichtig als vollständig unabhängig von diesen Symmetrien erkannt worden wären. Tatsächlich zeigt uns jeder Bogen Millimeterpapier bildhaft das Ergebnis des Zusammenwirkens dreier verschiedener Bereiche:

Erstens die bloßen Lageneigenschaften als Folge der Phänomene des „Liegen in", „Gehen durch" (**L**) und des Verbindens und Schneidens (**V**).

Zweitens die im Gleichmaß sich ausdrückenden Eigenschaften als besondere Beziehung zum Unendlichfernen (**U**).

Drittens die durch den rechten Winkel zum Ausdruck kommenden Eigenschaften. —

Räumliche Moebius-Netze.

Wie in der Ebene das Dreieck, so ist im Raume das vollständige räumliche Viereck, das Tetraeder, eine in sich abgeschlossene Figur (Bild **99**), die keine Punkte, welche man noch verbinden, keine Ebenen, welche man noch schneiden, und auch keine Geraden, die man noch schneiden und verbinden könnte, enthält. Aus sich heraus bietet also das räumliche Viereck keinen Anlaß zur Erweiterung. Erst wenn ein neues Element willkürlich hinzugenommen wird, bekommt man ein erweiterungsfähiges Gebilde.

Wir wollen von einem räumlichen Fünfeck ausgehen, dessen Ecken aus bald ersichtlichen Gründen wir mit S, T, U, M und $\overline{V}$ bezeichnen. Im fünften Kapitel (S. 100f.) betrachteten wir besonders das *vollständige räumliche Fünfeck*, hier werden wir, ausgehend von den fünf Punkten, von denen keine vier einer Ebene angehören, zuerst eine Grundzelle bilden und diese dann nach einem bestimmten Verfahren vervielfältigen. Das so entstehende, niemals fertige Gebilde ist das dem vorhin behandelten entsprechende *räumliche* Moebius-Netz.

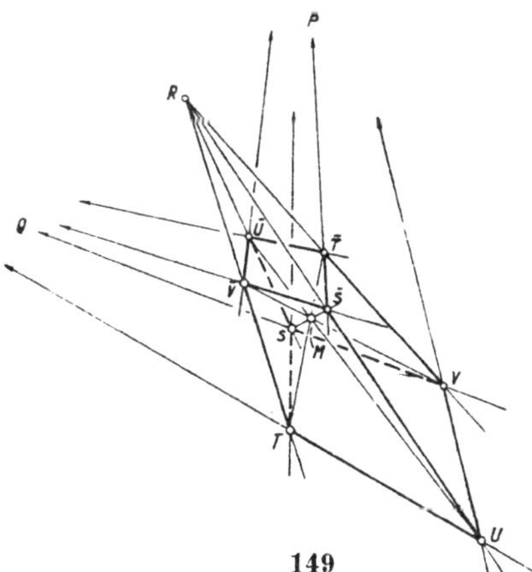

149

Eine Grundzelle — man kann verschiedene bilden aus den fünf Punkten — erhalten wir so:

Der Schnittpunkt (Bild **149**) der Geraden $M\overline{V}$ mit der Ebene STU sei V. Die Ebene des Vierecks $STUV$ nennen wir die Grundfläche der Zelle. Die Schnittpunkte

$$(ST, UV) = P, \quad (TU, VS) = Q$$

sind zwei Nebenecken dieses Vierecks. Ferner konstruieren wir noch, je als Durchstoßpunkte einer Geraden mit einer Ebene, die Ecken

$$(MU, ST\overline{V}) = \overline{U}, \quad (MT, VS\overline{U}) = \overline{T}, \quad (MS, UV\overline{T}) = \overline{S}.$$

Je zwei der drei Geraden ST, UV, $\overline{U}\,\overline{V}$, die nicht alle drei in einer Ebene liegen, gehören nach Konstruktion je einer Ebene an und schneiden sich also. Demnach gehen sie (nach dem auf S. 31 f. bewiesenen, übrigens anschaulich selbstverständlichen Satz) alle drei durch *einen* Punkt, d. h. $\overline{U}\,\overline{V}$ geht durch P.

Je zwei der drei Geraden ST, UV, $\overline{S}\,\overline{T}$, die nicht alle drei in einer Ebene liegen, gehören nach Konstruktion je einer Ebene an und gehen demnach durch *einen* Punkt, d. h. $\overline{S}\,\overline{T}$ geht auch durch P.

Die Punkte $\overline{S}$, $\overline{T}$, $\overline{U}$, $\overline{V}$ liegen also in einer Ebene, der Deckfläche der Grundzelle.

Betrachten wir nun die drei Geraden SV, TU, $\overline{T}\,\overline{U}$ und die drei Geraden SV, $\overline{T}\,\overline{U}$, $\overline{S}\,\overline{V}$, so ergibt die gleiche Schlußweise, daß sowohl $\overline{T}\,\overline{U}$ wie auch $\overline{S}\,\overline{V}$ durch den Punkt Q gehen.

Schließlich liegen auch je zwei der Geraden $S\overline{U}$, $T\overline{V}$, $U\overline{S}$, $V\overline{T}$, von denen keine drei einer Ebene angehören, in einer Ebene und demnach laufen alle durch *einen* Punkt R.

Der von den sechs Ebenen

$$STUV, \quad \overline{S}\,\overline{T}\,\overline{U}\,\overline{V}, \quad ST\overline{U}\,\overline{V}, \quad \overline{S}TU\overline{V}, \quad \overline{S}\,\overline{T}UV, \quad S\overline{T}\,\overline{U}V$$

begrenzte Raumteil, dessen Innerem der Punkt M angehört, ist die Grundzelle, die konstruiert werden sollte. M nennen wir deren Mittelpunkt, $MS\overline{S}$, $MT\overline{T}$, $MU\overline{U}$ $MV\overline{V}$ deren Körperdiagonalen. Was wir unter den Flächendiagonalen der Zelle verstehen, ist ohne weiteres klar. Es hat deren $6 \cdot 2 = 12$, von denen sich je zwei in einem Punkte einer Seite des Dreiecks PQR schneiden. Es müssen sich nämlich z. B. die Flächendiagonalen $T\overline{U}$, $U\overline{T}$ (Bild **150**) in einem Punkte Q_1 von RP schneiden, dem Schnittpunkt der drei Ebenen (S. 30) RPT, RPU, $T\overline{U}Q$. Ebenso z. B. $T\overline{S}$, $S\overline{T}$ in P_2 auf QR usw.

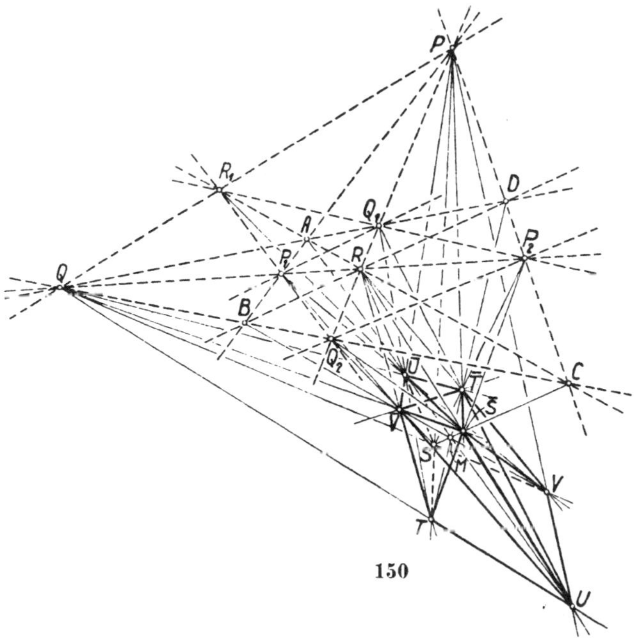

150

Weiter betrachten wir noch die Durchstoßpunkte der vier Raumdiagonalen mit der Ebene $PQR = \pi$ (Bild **150**):

$$(MU, \pi) = A,\quad (MV, \pi) = B,\quad (MS, \pi) = C,\quad (MT, \pi) = D.$$

Da P in der Diagonalebene (MS, MT) liegt, geht CD, die Schnittgerade dieser Ebene mit der Ebene π, durch den Punkt P; P liegt aber auch in der Diagonalebene (MU, MV), d. h. AB geht auch durch P, usw. Kurz:

Ausgehend von den fünf Punkten $S\,T\,U\,M\,\overline{V}$ haben wir die Grundzelle gebildet und auf der Ebene π dadurch die harmonische Grundfigur erhalten.

Der Leser versuche, sich klarzulegen, welche Bedeutung für die Zelle das Vierseit *a b c d* der harmonischen Grundfigur (Bilder **136**, **150**) hat.

Jede Seitenfläche — übrigens auch Diagonalebene — der Grundzelle enthält ein vollständiges Viereck. Von

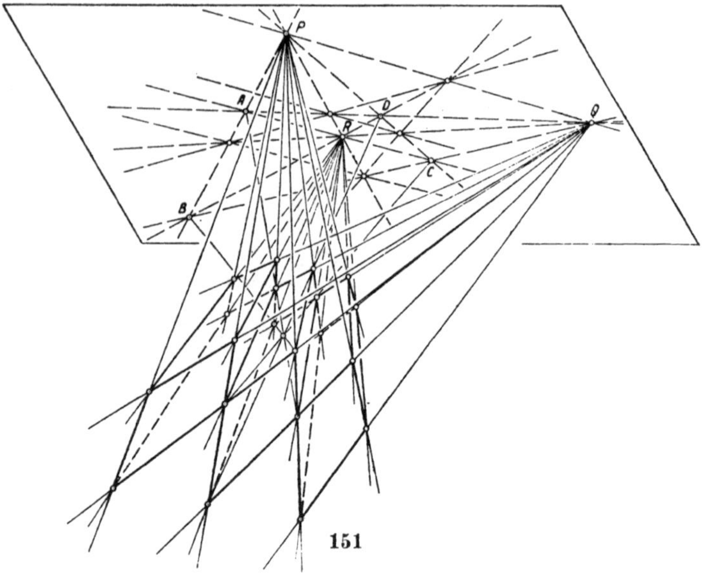

151

einem solchen Viereck ausgehend können wir das ebene Moebius-Netz mit diesem Viereck als Grundmasche aufbauen. Die sich ergebende Figur fordert selbst zur Ergänzung auf: Zu einer Schicht von räumlichen, sich an die Grundzelle anschließenden Zellen. Wie nun weiter der ganze Raum von der harmonischen Grundfigur aus zu einem räumlichen Moebius-Netz durchgestaltet wird (in Bild **151** angedeutet), leuchtet unmittelbar ein.

Denken wir uns die harmonische Grundfigur in der unendlichfernen Ebene ε_∞ des Raumes wirksam, so ergibt sich ein räumliches Netz von Parallel-Sechsflachen (Spaten).

Je nach der Art des Nebendreiecks PQR der harmonischen Grundfigur in der ε_∞ ergibt sich diese oder jene Form des Spates. Wenn insbesondere die Strahlrichtun-

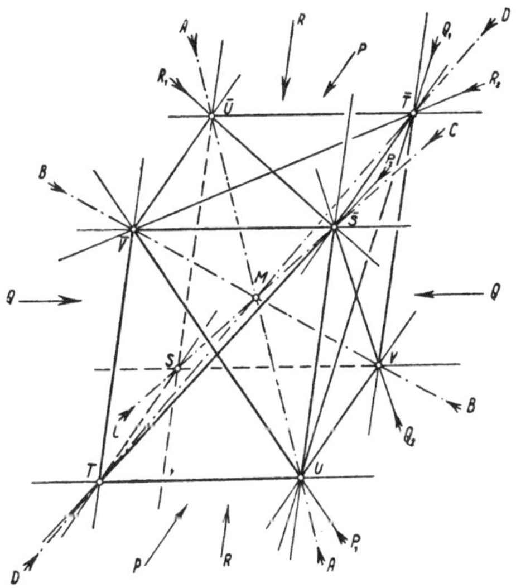

152

gen (Bild **152**) zweier Ecken (z. B. P, Q) des Nebendreiecks einen rechten Winkel bilden, so werden die Parallelogramme eines Paares von Gegenflächen des Spates rechtwinklig, also zu Rechtecken. Stehen je zwei der drei Strahlrichtungen P, Q, R senkrecht zueinander, so wird der Spat zum Quader.

Damit sich das Würfelnetz bildet, müssen dazu noch zwei der drei Paare von Strahlrichtungen P_1, P_2 und Q_1, Q_2 und R_1, R_2 zueinander senkrecht verlaufen. Man sieht hieraus, welche fundamentale Rolle für die Durchgestaltung des Raumes die harmonische Grundfigur spielt.

Wieder könnte ein Leser sich fragen, weshalb hier nicht mit dem übersichtlichen Würfelnetz begonnen wurde, um die Eigenschaften der räumlichen Moebius-Netze zu erkennen. Wir gingen umgekehrt vor in der Absicht, es möglichst deutlich werden zu lassen, wie an der Konstitution des Würfels, einer einfachsten räumlichen Grundform, und dem zugehörigen Würfelnetz die drei schon erwähnten verschiedenen Bereiche Anteil haben:

Erstens der Bereich der bloßen Lagenbeziehungen (liegen in, gehen durch, verbinden, schneiden).

Zweitens der mit dem Unendlichfernen gegebene Bereich, durch dessen besondere Wirkung das Gleichmaß erst zustande kommt.

Drittens der im rechten Winkel sich offenbarende Bereich. —

Es ist naheliegend, diese Betrachtungen über Moebius-Netze in Beziehung zur Kristallgestaltung zu setzen. Ohne hier schon dieses Thema anzugreifen, sei nur erwähnt, daß tatsächlich schon Moebius selbst in dieser Richtung vorgearbeitet hat. —

Äquivalenz der ebenen Moebius-Netze.

In diesem Abschnitt werden wir eine überraschende Tatsache kennen lernen. Wir wollen damit anfangen, einfachste Gebilde durch Schein- und Schnittbildung miteinander zu verknüpfen. Dazu führen wir zwei neue Begriffe ein. Der erste ist der Begriff der „*Perspektivität*“:

Wir nennen *perspektiv* zueinander

Zwei Strahlenbüschel, welche beide Scheine einer Punktreihe oder Schnitte eines Ebenenbüschels sind;

zwei Punktreihen, die beide Schnitte eines Strahlenbüschels oder Ebenenbüschels sind.

zwei Ebenenbüschel, die beide Scheine eines Strahlenbüschels oder einer Punktreihe sind.

Noch allgemeiner brauchen wir die Worte *„sind perspektiv“* und das Zeichen → für

die Schnitte eines Gebildes in einem Bündel P mit zwei Ebenen.

die Scheine eines Gebildes in einem ebenen Feld ε aus zwei Punkten.

Zum Beispiel sind

die Dreiecke 1 2 3, $\bar{1}\,\bar{2}\,\bar{3}$ in den Bildern **128—130** als zwei Schnitte des Dreiflachs $\alpha\,\beta\,\gamma$ in P zueinander perspektiv:

$$1\,2\,3 \overset{P}{\rightarrow} \bar{1}\,\bar{2}\,\bar{3}$$

die Dreiflache $S\,(A\;B\;C)$, $\bar{S}\,(A\;B\;C)$ in den Bildern **125—127** als zwei Scheine des Dreiecks $A\;B\;C$ in π zueinander perspektiv:

$$S(A\,B\,C) \overset{\pi}{\rightarrow} \bar{S}(A\,B\,C)$$

Die Abbildungen **24** und **25** zeigen perspektive Punktreihen:

$$g\,(A\,B\,C\,\cdots) \overset{S}{\rightarrow} \bar{g}\,(\bar{A}\,\bar{B}\,\bar{C}\,\cdots)$$

In Bild **35** sind die Strahlenbüschel A und X, ferner auch X und B, perspektiv, da sie beide Scheine der Punktreihe u bezw. v sind.

In Bild **65** sind die Punktreihen a und x, ferner auch x und b, perspektiv, da sie beide Schnitte des Strahlenbüschels U bezw. V sind.

In den Bildern **33** und **34** sind die von den Erzeugenden auf b und c ausgeschnittenen Punktreihen perspektiv, denn sie lassen sich beide als Schnitte des Ebenenbüschels a betrachten (vgl. den zugehörigen Text). Auch die Ebenenbüschel b und c wurden dort als Scheine der Punktreihe a aus den Geraden b und c perspektiv aufeinander bezogen.

Der zweite neue Begriff, die „*Projektivität*", ist eine Verallgemeinerung der Beziehung „perspektiv sein":

Ist ein Gebilde G_1 perspektiv zum Gebilde G_2, G_2 perspektiv zu G_3, G_3 zu G_4 usw., so nennen wir irgend zwei dieser Gebilde zueinander projektiv. Für diese Beziehung — in etwas allgemeinerer Form — führte Chr. von Staudt das Zeichen $\barwedge$ ein, also zum Beispiel $G_1 \barwedge G_4$.

In Bild **35** sind die Strahlenbüschel A und B projektiv aufeinander bezogen. Bild **36** zeigt die Schnittpunkte der in dieser Projektivität sich entsprechenden Strahlen.

In Bild **65** sind die Punktreihen a und b projektiv aufeinander bezogen, Bild **66** zeigt die Verbindungsgeraden der in dieser Projektivität sich entsprechenden Punkte.

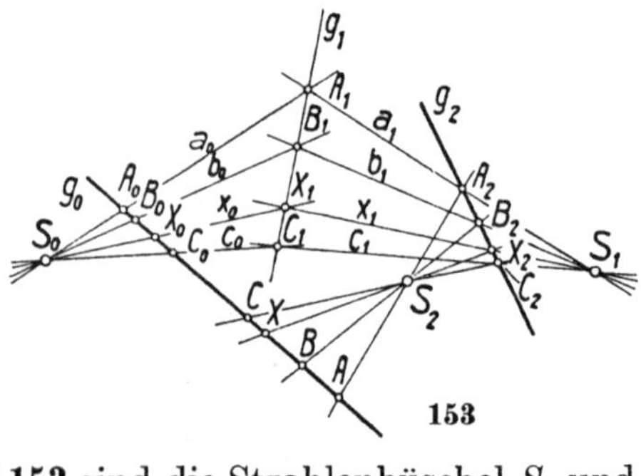

153

In Bild **153** sind die Strahlenbüschel S_0 und S_2 projektiv aufeinander bezogen; die Punkreihe g_0 ist auf sich selbst projektiv bezogen:

$$ABCX \barwedge A_0\, B_0\, C_0\, X_0\,.$$

Zwei beliebige Punktepaare A_0, B_0 und A, B des Raumes sind immer projektiv, d. h. man kann durch aufeinanderfolgende Schein- und Schnittbildung immer A_0, B_0 in A, B überführen. Liegen die beiden Paare zusammen in einer Ebene, so sind sie sogar perspektiv, das „Zentrum der Perspektivität" ist der Schnittpunkt $(A_0 A, B_0 B)$. Sind aber die Geraden $g_0 = A_0 B_0$, $g = A B$ windschief, so lege man durch g irgend eine Ebene π und bilde von einem beliebigen, nur nicht mit A_0 oder A zusammenfallenden, auf der Geraden $A_0 A$ liegenden Punkte Z_0 aus die Gerade g_0 in die Gerade g_1 auf π ab (Bild **154**). B_1 sei das Bild von B_0, d. h. der Schnitt des Strahles $Z_0 B_0$ mit π. Auf $B B_1$ wähle man irgend einen Punkt Z_1, der nicht mit B_1 oder B zusammenfällt, dann ist

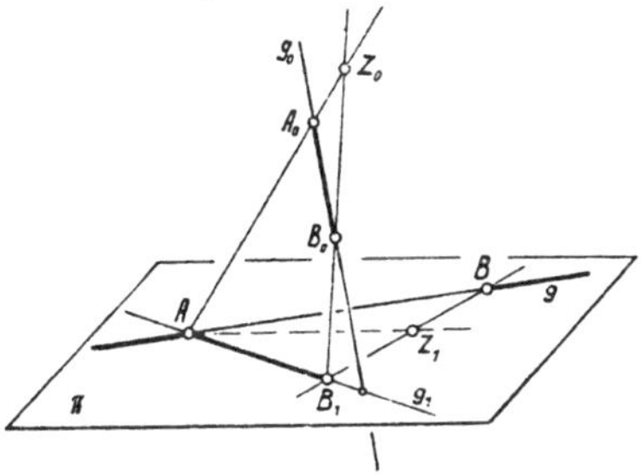

154

$$g_0 (A_0 B_0) \xrightarrow{Z_0} g_1 (A B_1) \xrightarrow{Z_1} g (A B), \text{ also } g_0 (A_0 B_0) \barwedge g (A B).$$

In **154** wird das ganz im Endlichen verlaufende Segment $\overline{A_0 B_0}$ auf das über das Unendliche verlaufende Segment $\overline{A \vee B}$ abgebildet. Würde man Z_1 außerhalb $\overline{BB_1}$ wählen, so wären die Segmente $\overline{A_0 B_0}$ und $\overline{AB}$ aufeinander abgebildet.

Auch drei beliebige Punkte A_0, B_0, C_0 einer Geraden g_0 und drei beliebige Punkte A, B, C einer Geraden g sind immer projektiv. Das wollen wir jetzt zeigen.

Zuerst werde der Fall betrachtet, wo g_0 und g in einer Ebene liegen (Bilder **155**, **156**). Auf der Verbindungsgeraden AA_0 wähle man zwei beliebige Punkte Z_0 und Z_1,

Z_0 aber nicht in A_0, Z_1 nicht in A, hingegen kann Z_0 mit A und Z_1 mit A_0 zusammenfallen. Dann konstruiere man die Schnittpunkte $B_1 = (Z_0 B_0, Z_1 B)$, $C_1 = (Z_0 C_0, Z_1 C)$. Die Gerade $B_1 C_1 = g_1$ schneide $Z_0 Z_1$ in A_1. Dann wird

$$g_0(A_0 B_0 C_0) \overset{Z_0}{\longrightarrow} g_1(A_1 B_1 C_1) \overset{Z_1}{\longrightarrow} g(A B C)\,,$$

also wie verlangt $g_0(A_0 B_0 C_0) \barwedge g(A B C)$. Man verfolge wie bei dieser Projektivität die andern Punkte auf g_0

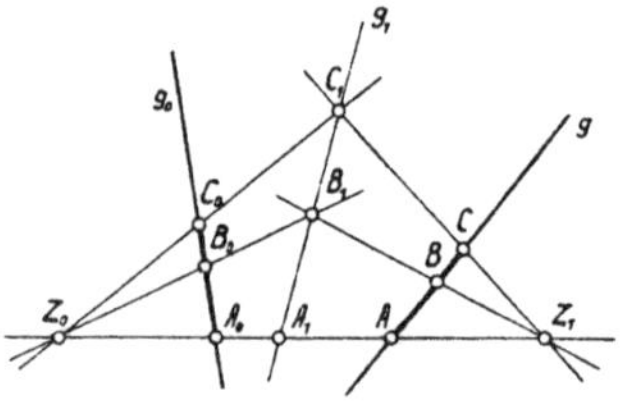

155

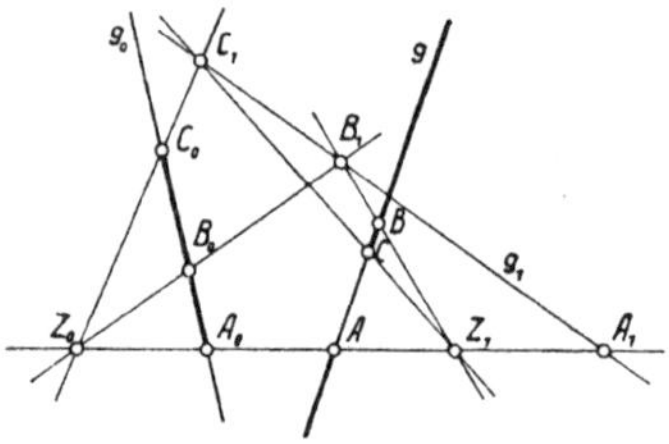

156

und g aufeinander bezogen sind. Der Leser führe auch die in der Ebene polaren Konstruktionen aus und beweise damit: Drei beliebige Geraden a_0, b_0, c_0 eines Büschels G_0 und drei beliebige Geraden a, b, c eines Büschels G in derselben Ebene sind immer projektiv.

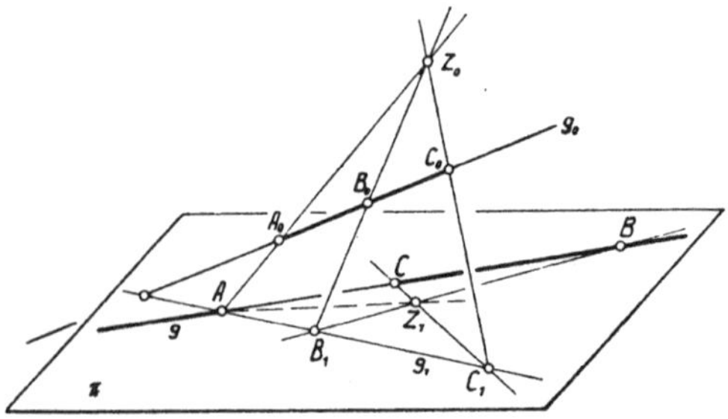

157

Sind die Geraden g_0 und g windschief, so verfahre man z. B. folgendermaßen (Bild 157): Durch g lege man eine Ebene π, auf $A\,A_0$ wähle man einen von A_0 und A verschiedenen Punkt Z_0 und bilde g_0 von Z_0 aus auf π ab: $g_0(A_0 B_0 C_0) \overset{Z_0}{\longrightarrow} g_1(A\,B_1 C_1)$. Z_1 sei der Schnittpunkt von $B_1 B$ mit $C_1 C$, also: $g_1(A\,B_1 C_1) \overset{Z_1}{\longrightarrow} g(A\,BC)$, und demnach wie verlangt: $g_0(A_0 B_0 C_0) \;\overline{\wedge}\; g(A\,BC)$.

Im Falle windschiefer Geraden g_0 und g sind die Punktgruppen $A_0\,B_0\,C_0$, $A\;B\;C$ immer auch sogar perspektiv. Man braucht dazu bloß (nach Angabe auf S. 33 f.) eine Gerade s zu konstruieren, die alle drei windschiefen Geraden $a = A_0\,A$, $b = B_0\,B$, $c = C_0\,C$ trifft, aber nicht mit g_0 oder g zusammenfällt. Dann werden die Punktreihen g_0 und g vermittels des Ebenenbüschels s so perspektiv aufeinander bezogen, daß A_0 und A, B_0 und B, C_0 und C in derselben Ebene des Büschels s liegen, also wirklich: $g_0(A_0 B_0 C_0) \overset{s}{\longrightarrow} g(A\,BC)$.

Es ist auch leicht einzusehen, daß ein Dreieck $A_0\,B_0\,C_0$ zu jedem beliebigen anderen Dreieck $A\;B\;C$ im Raum projektiv ist. Da diese Tatsache im nächsten Hauptsatz mit enthalten ist, werde nur kurz die dazu notwendige Kette von Konstruktionen angegeben. Die Ebenen ε_0, ε der Dreiecke seien voneinander verschieden, andernfalls bringt man durch eine Hilfsabbildung das eine Dreieck in eine andere Ebene. Man lege eine Ebene ε_1 durch A, welche die Ebene $\varepsilon\,(A\,BC)$ in einer von $A\,B$ und $A\,C$ verschiedenen Geraden g schneidet und bilde $A_0\,B_0\,C_0$ von einem Punkt Z_0 auf $A_0\,A$ auf diese Ebene ε_1 ab (Bild **158**):

$$\varepsilon_0(A_0 B_0 C_0) \overset{Z_0}{\longrightarrow} \varepsilon_1(A B_1 C_1).$$

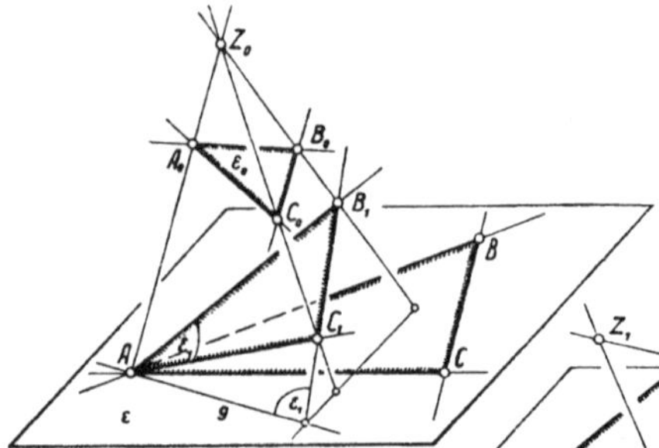

158

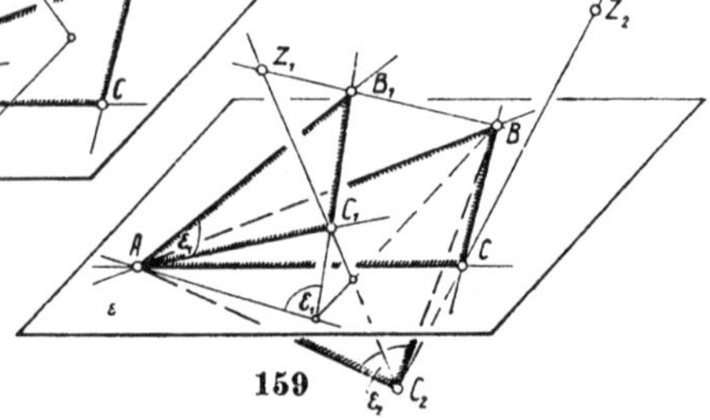

159

Jetzt lege man durch die Seite $A\,B$ eine von ε verschiedene Ebene ε_2 und bilde $A\,B_1\,C_1$ von einem Punkte Z_1 auf $B\,B_1$ auf ε_2 ab (Bild **159**):

$$\varepsilon_1(A\,B_1C_1)\xrightarrow{Z_1}\varepsilon_2(A\,BC_2).$$

Nun kann man von einem Punkte Z_2 auf $C\,C_2$ das Dreieck $A\,BC_2$ in das Dreieck $A\,BC$ abbilden (Bild **159**). Wir können Z_0 zwischen A_0 und A (auf $\overline{A_0A}$), oder außerhalb $\overline{A_0A}$ (auf $\overline{A_0}{}^{\vee}\overline{A}$) wählen, entsprechend Z_1 auf $\overline{B_1B}$ oder $\overline{B_1}{}^{\vee}\overline{B}$ und Z_2 auf $\overline{C_2C}$ oder $\overline{C_2}{}^{\vee}\overline{C}$. Durch entsprechende Wahl der Zentren läßt sich so ein bestimmter Dreieckszug (siehe S. 46 f.) des Dreiecks $A_0B_0C_0$ in jeden beliebigen der acht möglichen Dreieckszüge des Dreiecks $A\,B\,C$ überführen.

Der Hauptsatz, zu dessen Verständnis wir auf den letzten Seiten Vorbereitungen getroffen haben, lautet: *Ein ebenes Viereck $A_0\,B_0\,C_0\,D_0$ ist zu jedem anderen beliebigen ebenen Viereck $A\,B\,C\,D$ projektiv*, d. h. ein Viereck $A_0\,B_0\,C_0\,D_0$ kann durch geeignete aufeinanderfolgende Schein- und Schnittbildungen in jedes andere

Viereck $ABCD$ übergeführt werden. Dabei denken wir immer an nicht ausgeartete Vierecke, also keine drei Ecken sollen auf einer Geraden liegen.

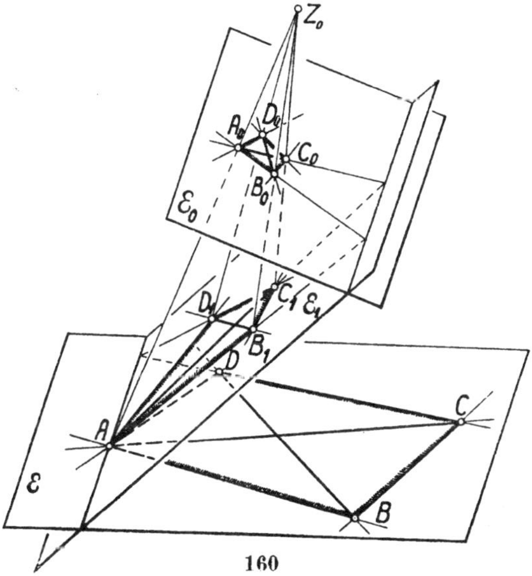

160

Zuerst betrachten wir den Fall, daß die Ebenen ε_0 $(A_0\,B_0\,C_0\,D_0)$ und ε $(ABCD)$ voneinander verschieden sind und A_0 nicht mit A zusammenfällt. Das Zentrum der ersten Scheinbildung sei ein von A_0 und A verschiedener Punkt Z_0 auf A_0A. Von Z_0 aus bilde man $A_0\,B_0\,C_0\,D_0$ auf eine durch A gelegte Ebene ε_1 ab, die durch keine Seite des vollständigen Vierecks $ABCD$ geht (Bild **160**); man erhält dadurch das Viereck $A\,B_1\,C_1\,D_1$. Jetzt nehme man die Punkte $(AC, BD) = R$, $(AC_1, B_1D_1) = R_1$ zu Hilfe und bilde vom Zentrum $Z_1 = (RR_1, CC_1)$ aus das Viereck $AB_1C_1D_1$ auf eine von ε verschiedene durch AC gehende Ebene ε_2 ab in das Viereck AB_2CD_2, das aber in Bild **161** nicht gezeichnet wurde. $A B_2 C D_2$ läßt sich nun vom Punkte $Z_2 = (D D_2, B B_2)$ direkt in $A B C D$ abbilden (Bild **162**; während **161** genau mit **160** übereinstimmt, entspricht **162** nur ungefähr **161**). Gemäß der Kette

$$\varepsilon_0(A_0 B_0 C_0 D_0) \xrightarrow{Z_0} \varepsilon_0(A B_1 C_1 D_1) \xrightarrow{Z_1} \varepsilon_2(A B_2 C D_2) \xrightarrow{Z_2} \varepsilon(A B C D)$$

ist also wirklich $\varepsilon_0(A_0 B_0 C_0 D_0) \;\overline{\wedge}\; \varepsilon(A B C D)$.

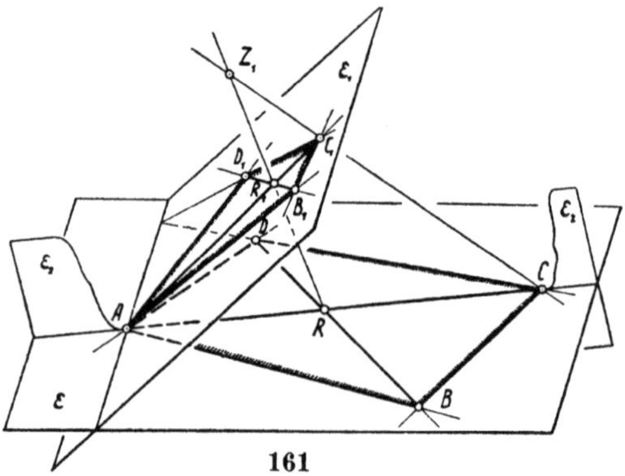

161

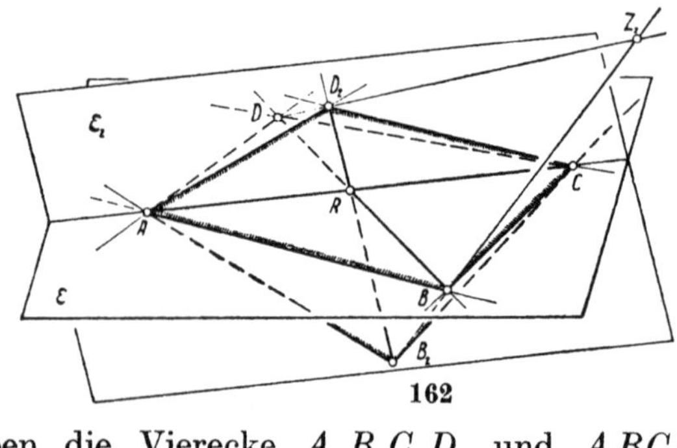

162

Haben die Vierecke $A_0 B_0 C_0 D_0$ und $A B C D$ eine andere als die hier zunächst angenommene Lage, liegen also z. B. beide in derselben Ebene oder fällt z. B. bloß $A_0 B_0$ auf $A B$ usw., so brauchen wir nur $A_0 B_0 C_0 D_0$ von einem geeigneten Zentrum $\overline{Z}$ aus zuerst auf eine Ebene $\overline{\varepsilon}_0$

abzubilden, die keine Seite eines der Vierecke enthält. Das erhaltene Viereck $\overline{A_0}\overline{B_0}\overline{C_0}\overline{D_0}$ hat dann die im vorangehenden Beweis vorausgesetzte Lage. Zur Überführung der Vierecke ineinander sind also höchstens vier aufeinanderfolgende Perspektivitäten notwendig. Natürlich gibt es dann auch unbegrenzt viele möglichen Ketten von Perspektivitäten, welche dies leisten. Erstens sind nämlich die Zentren Z_0, Z_1, Z_2 sehr verschieden wählbar, und dann lassen sich zwischen zwei Perspektivitäten immer noch andere dazwischen schalten.

Prüfen wir jetzt, wie sich die mit den Vierecken verbundenen Punkte bei dieser Überführung verhalten. Da die Gerade A_0B_0 in AB, die Gerade C_0D_0 in CD abgebildet wird, entspricht auch dem Schnittpunkt $(A_0B_0, C_0D_0) = P_0$ der Schnittpunkt $(AB, CD) = P$, dem Nebendreieck $P_0Q_0R_0$ des ersten Vierecks entspricht das Nebendreieck PQR des zweiten Vierecks usw. *Überhaupt wird bei der Folge von Perspektivitäten, welche die vier Punkte $A_0B_0C_0D_0$ in die vier Punkte $ABCD$ überführen, notwendig auch das ganze Moebius-Netz mit den Grundpunkten $A_0B_0C_0D_0$ in das Moebius-Netz mit den Grundpunkten $ABCD$ verwandelt*! Jedes beliebige Moebius-Netz (wie in Bild **142**) läßt sich also z. B. in ein Quadratnetz überführen! Daraus ist wieder besonders klar zu sehen, daß innerhalb des Bereiches, in dem bloß die Phänomene vom „liegen in", „gehen durch", „verbinden" und „schneiden" maßgeblich sind, die Erscheinungen der Parallelität oder des aufeinander Senkrecht-stehens nicht zu erklären sind. In diesem Bereich gibt es unter den Vierecken noch gar keine ausgezeichneten. Um solche heraus zu gestalten, ist das Eingreifen höherer Bereiche notwendig. —

Der Fundamentalsatz der projektiven Geometrie.

Der durch die vorangehende Betrachtung gewonnene Hauptsatz legt die Frage nahe, wie *irgend ein Punkt* X_0 der Ebene ε_0 durch die aufeinander folgenden Perspektivitäten in seinen entsprechenden Punkt X der Ebene ε übergeführt wird. Gehört X_0 dem durch das Grundviereck $A_0B_0C_0D_0$ bestimmten Moebius-Netz an, so ist die Sachlage klar; auf Grund des Hauptsatzes läßt sie sich so aussprechen:

Genau dieselben Konstruktionsschritte, mit Hilfe derer man X_0 aus den Grundpunkten $A_0B_0C_0D_0$ gewinnen kann, führen, entsprechend auf die Grundpunkte $ABCD$ angewandt, zum Bildpunkt X von X_0. Wie ist es aber, wenn X_0 kein Netzpunkt ist?

Hier sind wir wieder an eine Stelle gelangt, wo sich uns ein neues Grundphänomen darstellt, das sich aus den bisher behandelten nicht ableiten läßt: Es betrifft dies gewisse *Stetigkeitseigenschaften* der geometrischen Grundgebilde. Im zweiten Teil werden wir diese Stetigkeit bis auf ihre einfachste Grundlage hin verfolgen. Hier sprechen wir einfach aus, was das geometrische Denken unmittelbar feststellt: Ein Moebius-Netz ist dicht bezüglich jedes beliebigen Punktes seiner Ebene, d. h. *in der Nachbarschaft jedes Punktes X_0 der Ebene läßt sich das Netz so weit verfeinern, daß es immer noch Maschen gibt, die ganz innerhalb einer beliebig angenommenen, noch so kleinen Umgebung von X_0 liegen.* (Siehe Bilder **142**, **144**; man mache sich auch klar, was dies für einen unendlichfernen Punkt X_0 heißt.) Beim Quadratnetz erscheint uns dieser Sachverhalt besonders selbstverständlich. Ein zweiter Tatbestand unserer geometrischen Anschauung ist, kurz gesagt, der folgende: *Beim Ver-*

binden und Schneiden überträgt sich die natürliche Anordnung der Elemente im verbundenen Gebilde auf die im verbindenden Gebilde, der Elemente im geschnittenen Gebilde auf die im schneidenden Gebilde. Sind z. B. in Bild **153** die Punkte A_0, B_0, X_0, C_0 in dieser Reihenfolge in natürlicher Anordnung, so gilt dasselbe für die A_0, B_0, X_0, C_0 entsprechenden Strahlen a_0, b_0, x_0, c_0 und auch weiter für A_1, B_1, X_1, C_1 und a_1, b_1, x_1, c_1 usw. Da projektive Gebilde durch aufeinanderfolgende Schein- und Schnittbildung auseinander hervorgehen, entspricht also der natürlichen Anordnung von Punkten einer Punktreihe, von Strahlen eines Strahlenbüschels, von Ebenen eines Ebenenbüschels des einen Gebildes auch immer eine natürliche Anordnung der entsprechenden Elemente des anderen Gebildes. Wir können demnach die gestellte Frage wieder durch den obigen, nur etwas erweiterten Satz beantworten:

Genau dieselben Konstruktionsschritte, mit Hilfe derer man X_0 unmittelbar aus den Grundpunkten $A_0 B_0 C_0 D_0$ gewinnen kann oder mit Hilfe derer man X_0 als Grenzpunkt in beliebig feine Maschen einschließen kann, führen, entsprechend auf die Grundpunkte $ABCD$ angewandt, zum Bildpunkt X von X_0. Durch Angabe der beiden Vierecke $\varepsilon_0\,(A_0\,B_0\,C_0\,D_0)$ und $\varepsilon\,(ABCD)$, die durch eine Kette von Perspektivitäten ineinander übergeführt werden sollen, ist also jedem beliebigen Punkt X_0 der Ebene ε_0 ein und auch nur ein Punkt X der Ebene ε als Bildpunkt zugeordnet und zwar, was den Inhalt des Fundamentalsatzes der projektiven Geometrie ausmacht, ganz unabhängig davon, welche der unbegrenzt vielen möglichen Ketten von aufeinanderfolgenden Schein- und Schnittbildungen man dazu verwendet. Oder kurz gefaßt:

Fundamentalsatz für ebene Felder: Es gibt eine und nur eine projektive Beziehung zwischen zwei ebenen Feldern ε_0, ε, *bei der den Ecken* A_0, B_0, C_0, D_0 *eines nicht ausgearteten Vierecks in* ε_0 *die Ecken* A, B, C, D *eines nichtausgearteten Vierecks in* ε *entsprechen.*

Es können die Ebenen ε_0, ε auch zusammenfallen. Ausdrücklich werde noch betont, daß der Ausdruck „projektive Beziehung" nur die sich ergebende Entsprechung der Elemente in ε_0 und ε bedeutet, nicht etwa auch den besonderen dazu führenden Weg; solche Wege gibt es unbegrenzt viele.

Wir werden jetzt den Inhalt dieses Satzes in diejenige Form setzen, welche sich für das Geometrisieren als die natürlichste und geschmeidigste erwiesen hat. Im letzten Abschnitt erkannten wir, wie drei Punkte A_0, B_0, C_0 einer Geraden g_0 in beliebige drei Punkte A, B, C einer Geraden g — es kann auch g mit g_0 zusammenfallen — durch aufeinanderfolgende Schein- und Schnittbildung übergeführt werden können (siehe z. B. Bild **157**). Diese Schein- und Schnittbildung kann auch auf alle übrigen Punkte X_0 von g_0 angewandt werden, sie liefert zu jedem X_0 einen bestimmten entsprechenden Punkt X auf g. (Der Leser möge hier die Bezeichnungen A, B, C, X usw. nicht mit den gleichen aber anderes bedeutenden im vorigen Absatz verwechseln). Man denke sich eine solche ganz bestimmte erste Konstruktionskette, welche die Punktreihen $g_0\,(A_0 B_0 C_0 X_0 \ldots)$ und $g\,(A B C X \ldots)$ ineinander überführt. Nun könnten wir aber $A_0 B_0 C_0$ auch mit Hilfe ganz anderer Perspektivitäten in ABC abbilden. Man denke sich eine solche bestimmte zweite zwischen $g_0\,(A_0 B_0 C_0 \ldots)$ und $g\,(A B C \ldots)$ vermittelnde Konstruktionskette. Die erste Kette führe X_0 in X, die zweite Kette denselben Punkt X_0 auf g_0 in den Punkt X' auf g über. Es ist notwendig, daß der Leser sich dies an mindestens einem Beispiel in der Ebene wirklich aufzeichnet, indem er etwa in Bild **153** von $A_0 B_0 C_0$ aus auf einem ganz anderen als dort gewählten Weg nach ABC übergeht. Das Überraschende dabei ist, daß für jeden beliebigen vierten Punkt X_0 die von den beiden beliebigen verschiedenen Ketten gelieferten entsprechenden Punkte X und X' miteinander zusammenfallen! Das ist — wie jetzt gezeigt werden soll — ein mit dem oben ausgesprochenen Satz gleichbedeutender Sachverhalt. Zwei Gruppen von vier *beliebigen* Punkten auf je einer Geraden sind also im allgemeinen nicht mehr projektiv. Wir sprechen nochmals zusammengefaßt aus:

Der Fundamentalsatz der projektiven Geometrie: Man kann eine Punktreihe g_0 durch Schein- und Schnittbildung auf unbegrenzt viele Arten in eine Punktreihe g so überführen, daß drei gegebene Punkte A_0, B_0, C_0 auf g_0 in drei gegebene Punkte A, B, C auf g übergehen; mit welcher Konstruktionskette man auch dies ausführt, immer ergibt sich für jeden Punkt X_0 auf g_0 ein und derselbe entsprechende Punkt X auf g. Kurz: Es gibt eine und nur eine projektive Beziehung zwischen zwei Punktreihen g_0 und g, in der drei gegebenen Punkten von g_0 drei gegebene Punkte von g entsprechen.

Um das einzusehen, denke man sich irgendeine die Punkte A_0, B_0, C_0 und A, B, C ineinander überführende erste Kette von Perspektivitäten:

$$g_0(A_0 B_0 C_0) \overset{Z_0}{\longrightarrow} g_1(A_1 B_1 C_1) \overset{Z_1}{\longrightarrow} g_2(A_2 B_2 C_2) \rightarrow \cdots \rightarrow g(ABC).$$

Ferner auch irgend eine zweite Kette:

$$g_0(A_0 B_0 C_0) \overset{Z_0'}{\longrightarrow} g_1'(A_1' B_1' C_1') \overset{Z_1'}{\longrightarrow} g_2'(A_2' B_2' C_2') \rightarrow \cdots \rightarrow g(ABC).$$

Diese Perspektivitäten zwischen Punktreihen wollen wir nun einbetten in Perspektivitäten zwischen ebenen Feldern. Dazu denke man sich durch jede der Geraden $g_0, g_1, g_1', \ldots$ je eine Ebene $\varepsilon_0, \varepsilon_1, \varepsilon_1' \ldots$ gelegt, durch g aber zwei verschiedene Ebenen $\varepsilon, \varepsilon'$. Diese Ebenen sollen durch keines der Zentren $Z_0, Z_0', Z_1, Z_1', \ldots$ der Perspektivitäten gehen, im übrigen sind sie willkürlich wählbar. Ferner wähle man durch C_0 in ε_0 eine von g_0 verschiedene Gerade und auf ihr zwei von C_0 verschiedene Punkte K_0, L_0 (Bild **163**), dadurch erhält man ein Viereck $\varepsilon_0(A_0 B_0 K_0 L_0)$ mit C_0 als einer Nebenecke.

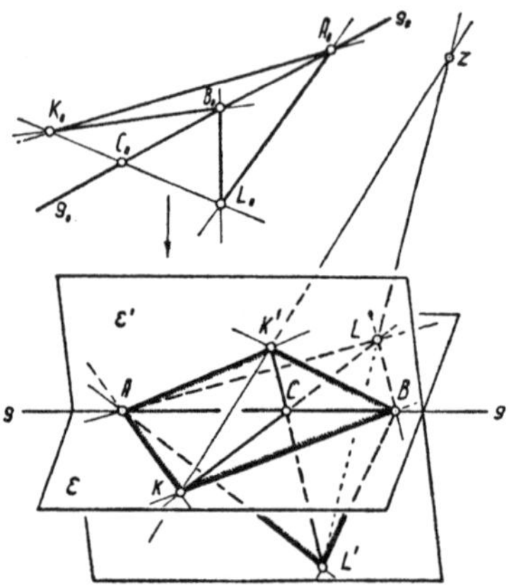

163

Nun betrachte man die folgenden beiden Ketten von Perspektivitäten zwischen ebenen Feldern:

$$\varepsilon_0 \xrightarrow{Z_0} \varepsilon_1 \xrightarrow{Z_1} \varepsilon_2 \longrightarrow \cdots \longrightarrow \varepsilon$$

$$\text{und} \quad \varepsilon_0 \xrightarrow{Z_0'} \varepsilon_1' \xrightarrow{Z_1'} \varepsilon_2' \longrightarrow \cdots \longrightarrow \varepsilon' .$$

Nach Konstruktion führt die erste wie auch die zweite Kette $g_0(A_0 B_0 C_0)$ in $g(A B C)$ über. Durch die erste Kette erhält man als Bild des Vierecks $\varepsilon_0(A_0 B_0 K_0 L_0)$ ein Viereck $\varepsilon(A B K L)$ und durch die zweite Kette ein Viereck $\varepsilon'(A B K' L')$; diese Vierecke haben außer den beiden Ecken A, B auch eine Nebenecke C gemeinsam (Bild **163**). Durchläuft man die beiden Ketten in der Richtung

$$\varepsilon \dashrightarrow \cdots \longrightarrow \varepsilon_2 \xrightarrow{Z_1} \varepsilon_1 \xrightarrow{Z_0} \varepsilon_0 \xrightarrow{Z_0'} \varepsilon_1' \xrightarrow{Z_1'} \varepsilon_2' \longrightarrow \cdots \dashrightarrow \varepsilon',$$

so sieht man, daß dadurch die Vierecke $ABKL$, $ABK'L'$ projektiv aufeinander bezogen sind. Sie lassen sich anderseits vom Punkte $(KK', LL') = Z$ aus als Zentrum (Bild **163**) sogar perspektiv beziehen. *Nach dem Fundamentalsatz für ebene Felder sind aber diese beiden projektiven Beziehungen der ebenen Felder* ε *und* ε' *genau dieselben*, da sie beide die nichtausgearteten Vierecke $ABKL$, $ABK'L'$ einander zuordnen. Bei der Perspektivität mit dem Zentrum Z geht aber jeder Punkt von g in sich über, also liefern auch die beiden Ketten, von denen wir ausgingen, zu einem Punkt X_0 auf g_0 immer denselben Punkt X auf g. Gerade das war aber einzusehen.

Daß auch umgekehrt der Fundamentalsatz für ebene Felder sich aus der hier gewählten Hauptform des Fundamentalsatzes ergibt, kann man noch leichter überschauen, doch wollen wir dies hier noch nicht zeigen.

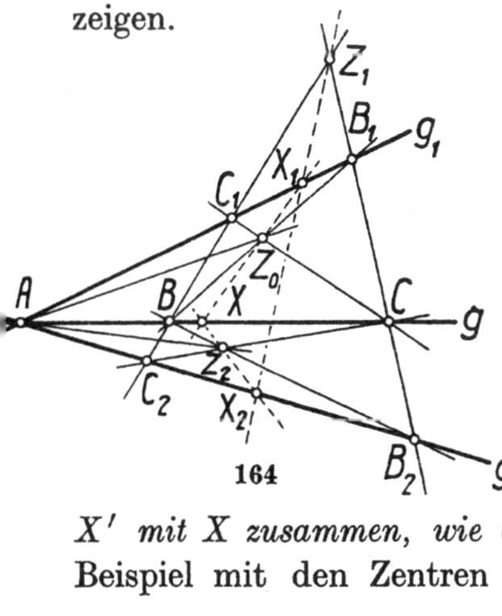

164

Bemerkung: Häufig wird der Fundamentalsatz in folgender Form verwendet: *Sind die Punktgruppen* $(ABCX)$ *und* $(ABCX')$ *auf einer Geraden* g *projektiv, d. h. führt eine Kette von Schein- und Schnittbildungen* $ABCX$ *in* $ABCX'$ *über, so fällt* X' *mit* X *zusammen, wie auch* X *gewählt wird.* (Ein Beispiel mit den Zentren Z_0, Z_1, Z_2 zeigt Bild **164**).

Nach dem Fundamentalsatz genügt es, *eine* Kette von Perspektivitäten anzugeben, in welcher die Punkte $(ABCX)$ in sich übergehen. Dazu braucht man aber nur die sich selbst aufhebende Kette

$$g(ABCX) \overset{Z_0}{\longrightarrow} g_1(AB_1C_1X_1) \overset{Z_0}{\longrightarrow} g(ABCX)$$

zu nehmen. —

Es ist für den Anfänger noch unmöglich, die ganze Tragweite dieses Satzes und damit die Berechtigung seiner Benennung als Fundamentalsatz der projektiven Geometrie zu verstehen. Beim weiteren Geometrisieren werden wir aber immer mehr dessen erstaunliche Fruchtbarkeit erkennen lernen. Ein großes Gebiet der Geometrie läßt sich allein aus ihm entwickeln. Einige Beispiele dafür mögen als Abschluß dieses Kapitels folgen.

Zuerst erwähnen wir einen berühmten Satz, der den Namen des griechischen Mathematikers *Pappos* (3., 4. Jh. nach Chr.) und auch des Mathematikers *Blaise Pascal* (1623—1662) trägt: Beides mit Recht, da Pappos einen Spezialfall kannte und der Satz selbst einen Spezialfall des berühmten eigentlichen Pascal'schen Satzes darstellt. Dieser *Pappos-Pascal'sche Satz* ist sogar äquivalent mit dem Fundamentalsatz. Er läßt sich in recht mannigfacher Art formulieren, zum Beispiel so:

Liegen die Ecken eines gewöhnlichen Sechsecks abwechselnd auf zwei festen Geraden, so liegen die Schnittpunkte der Gegenseiten auch in einer Geraden.

Bild **165** zeigt ein solches Sechseck mit den aufeinanderfolgenden Ecken 1 2 3 4 5 6 und den Gegenseiten

12, 45 und 23, 56 und 34, 61.

Um die Richtigkeit des Satzes einzusehen, betrachte man die folgenden Perspektivitäten (vgl. Bild **165**):

$$5\;4\;\bar{6}\;P \xrightarrow{1} G\;4\;6\;2 \xrightarrow{3} 5\;\bar{4}\;6\;Q\,.$$

Die Punktgruppen ($5\;4\;\bar{6}\;P$) und ($5\;\bar{4}\;6\;Q$) sind also projektiv zueinander. Die Perspektivität $5\;4\;\bar{6} \xrightarrow{R} 5\;\bar{4}\;6$ führt genau wie die erwähnte Projektivität die Punkte $5\;4\;\bar{6}$ in die Punkte $5\;\bar{4}\;6$ über. Nach dem Fundamental-

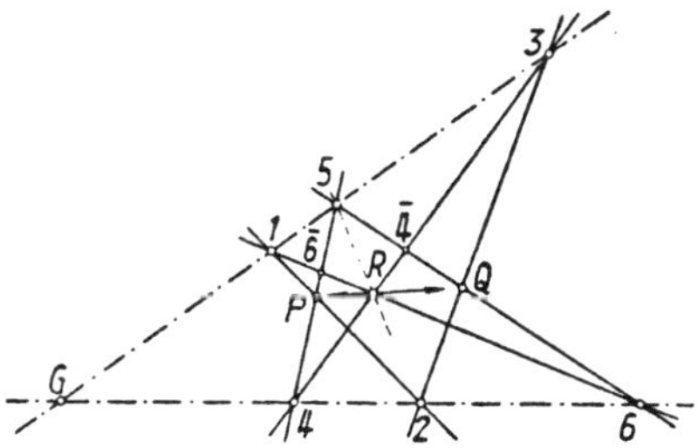

165

satz ist aber eine projektive Beziehung zweier Punktreihen aufeinander, bei der drei gegebenen Punkten der einen Reihe drei gegebene Punkte der anderen Reihe zugeordnet werden, bereits eindeutig bestimmt, so daß auch die Perspektivität mit dem Zentrum R als spezielle Projektivität den Punkt P dem Punkt Q zuordnen muß, d. h. P, Q, R liegen in einer Geraden, der sogenannten *Pascal-Geraden* des Sechsecks.

Hat man drei Punkte 1, 3, 5 auf einer Geraden, drei Punkte 2, 4, 6 auf einer andern Geraden, so kann man sechs verschiedene gewöhnliche Sechsecke mit diesen Punkten als Ecken angeben, indem man sie in den folgenden hingeschriebenen Reihenfolgen verbindet:

1 2 3 4 5 6, 1 2 3 6 5 4, 1 4 3 2 5 6,
1 4 3 6 5 2, 1 6 3 2 5 4, 1 6 3 4 5 2.

Zu je drei Punkten auf zwei Geraden gehören also sechs Pascal-Geraden; der Leser möge sich an einer Figur dies klarlegen!

Betrachtet man eine vorgelegte Pappos-Pascal'sche Figur näher, so findet man — wie an der Desargues'schen Figur — viele merkwürdigen Eigenschaften. Sie besteht (Bild **166**) aus 9 Geraden und 9 Punkten, auf jeder Geraden liegen drei dieser Punkte, durch jeden Punkt gehen drei dieser Geraden, deshalb nennt man, wie die Desargues'sche Figur, auch die Pappos-Pascal'sche Figur eine *Konfiguration*. Zeichnet man die in Bild **166** in gleicher Art ausgezogenen Geraden mit derselben Farbe, so kann man die Tatsache, daß eine Pappos-Pascal'sche Konfiguration den Pappos-Pascal'schen Satz in neunfacher Weise illustriert, folgendermaßen sich leicht klarmachen: *Jede Gerade der Konfiguration ist Pascal'sche Gerade für dasjenige Sechseck, dessen Ecken auf den beiden anderen gleichfarbigen Geraden liegen und dessen Seiten abwechselnd die beiden übrigen Farben aufweisen.*

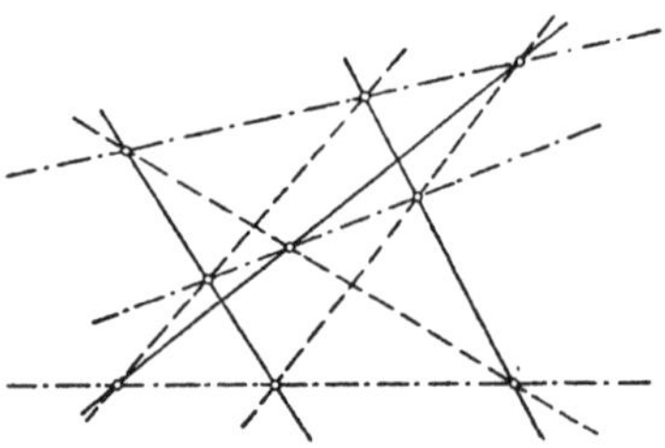

166

Bild **167** zeigt, daß sich die Pappos-Pascal'sche Konfiguration auch betrachten läßt als eine ganz besondere gegenseitige Lage dreier Dreiecke ABC, $A'B'C'$, $\overline{A}\,\overline{B}\,\overline{C}$: Das erste ist dem zweiten, das zweite dem dritten, das dritte dem ersten Dreieck einbeschrieben! (vgl. damit die ähnlichen Eigenschaften der Desargues-Figur, S. 7 f.).

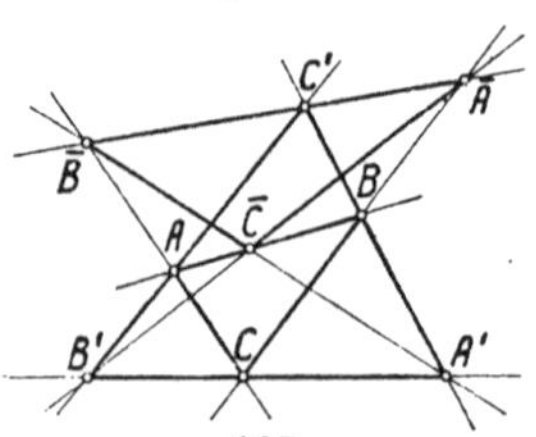

167

Der in der Ebene zum Pappos-Pascal'schen Satz polare Satz heißt: Gehen die Seiten (1, 2, 3, 4, 5, 6) eines gewöhnlichen Sechsseites abwechselnd durch zwei feste Punkte, so gehen die Verbindungsgeraden der Gegenecken (1 2, 4 5 und 2 3, 5 6 und 3 4, 6 1) auch durch einen festen Punkt.

Der Leser unterlasse nicht, eine zugehörige Figur sich zu zeichnen, etwa ausgehend von den zwei festen Punkten, durch die je drei Geraden 1, 3, 5 und 2, 4, 6 laufen. Er wird dabei die Entdeckung machen können, daß die erhaltene Figur genau die Pappos-Pascal'sche Konfiguration darstellt.

Die Bilder **168** und **169** zeigen zwei zueinander polare Eigenschaften des Pentagramms, die sich aus den besprochenen Sätzen, wie die Bezeichnungen andeuten, sofort erklären.

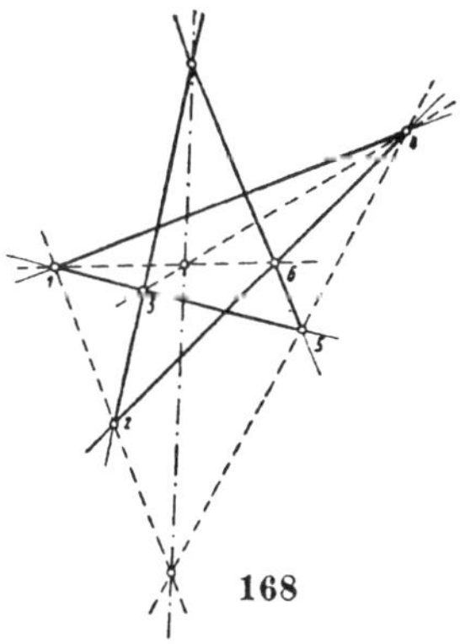

168

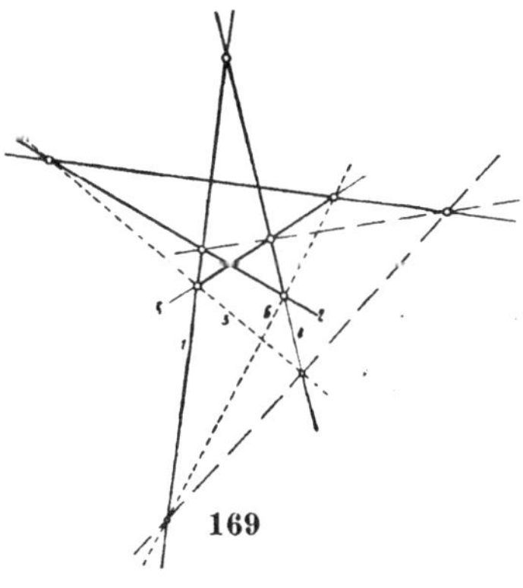

169

Als Abschluß möge noch eine wunderbare Eigenschaft des Vierecks*) gezeigt werden. A, B, C, D seien die Ecken, die Seiten BC, CD, DA, AB seien in dieser Folge mit a, b, c, d bezeichnet, die Nebenecken (AB, CD) und

*) Aufgabe 203, gestellt von R. Haussner, im Jahresbericht der Deutschen Math. Ver. 45. Bd. 1935.

(BC, DA) mit U und V (Bild **169**). Nun gehe man von einem ganz beliebigen Punkt 1 auf a aus und bilde die Punkte

$$2=(A1, b),\quad 3=(B2,\ c),\quad 4=(C3,\ d),$$
$$5=(D4, a),\quad 6=(A5, b),\quad 7=(B6,\ c),\quad 8=(C7,\ d),$$
$$9=(D8, a),\quad 10=(A9, b),\quad 11=(B10, c),\quad 12=(C11, d).$$

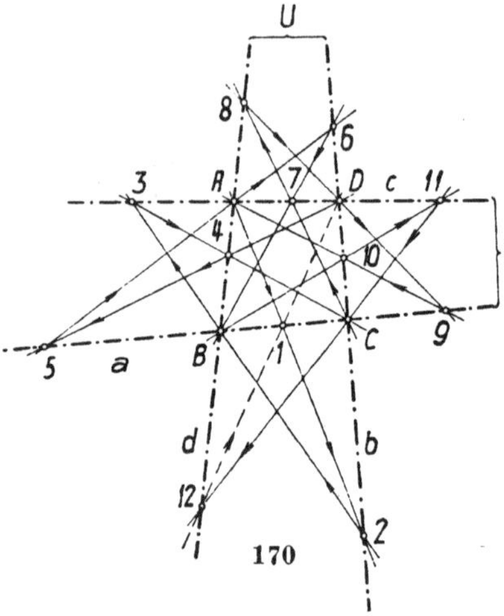

170

Führt man die Konstruktion weiter, so erfährt man die Überraschung, daß sich der Zyklus schließt, der Punkt 13 $= (D12, a)$ fällt wieder mit 1 zusammen! Man zeichne die Figur für verschiedene Formen des Vierecks und verschiedene Lagen des Ausgangspunktes 1 auf a.

Einsicht in diesen Sachverhalt bekommt man durch Betrachtung folgender Kette von Perspektivitäten:

$$BCV1 \overset{A}{\longrightarrow} UCD2 \overset{B}{\longrightarrow} AVD3 \overset{C}{\longrightarrow} ABU4$$
$$\overset{D}{\longrightarrow} VBC5 \overset{A}{\longrightarrow} DUC6 \overset{B}{\longrightarrow} DAV7 \overset{C}{\longrightarrow} UAB8$$
$$\overset{D}{\longrightarrow} CVB9 \overset{A}{\longrightarrow} CDU10 \overset{B}{\longrightarrow} VDA11 \overset{C}{\longrightarrow} BUA12$$
$$\overset{D}{\longrightarrow} BCV13\,.$$

Die Punktgruppen $(BCV\,1)$ und $(BCV\,13)$ sind also projektiv. Nach dem Fundamentalsatz (siehe Bemerkung S. 149) muß also der 13. Punkt mit dem 1. Punkt zusammenfallen. —

7. Die Cassini'schen Kurven. Ausblicke

Um uns auf das Weiterschreiten auf andere Stufen des Geometrischen richtig vorzubereiten, wollen wir noch mit einigen Worten auf ein Kurvensystem von in mancher Hinsicht hoher Bedeutung hinweisen, damit wir diesen ersten Teil „Urphänomene der Geometrie“ mit genügend vielen offenen Fragen abschließen können.

Der Leser möge sich für das folgende nochmals den Tatbestand vergegenwärtigen, der im ersten Abschnitt S. 10f. an Hand der Figuren **22** bis **25** besprochen wurde. Tut man dies und bedenkt die dort auftretenden konstanten Produkte, so kann man schon ahnen — später erkennen —, daß die nun als Ausgangspunkt dienende Fragestellung für die geometrischen Raumverhältnisse eine besondere Bedeutung hat:

Zwei feste Punkte M, N einer Ebene liegen vor. Welche Bahnkurven ergeben sich, wenn ein Punkt X in der Ebene sich so bewegt, daß während der Bewegung die Rechtecke gebildet aus seinen Abständen von den beiden festen Punkten M, N immer gleich groß bleiben?

Beliebig viele Punkte einer solchen Kurve lassen sich auf sehr verschiedene Arten mit Zirkel und Lineal konstruieren. Zum Beispiel so (Bild **171**):

Die in Rede stehenden Rechtecke mögen immer gleich dem Quadrat mit der Seite p sein. Man verlängere zwei anstoßende Seiten zu den Geraden $g, \bar{g}$ und nehme das Strahlenbüschel S hinzu, wobei S die nicht auf $g, \bar{g}$ liegende Quadratecke sei. Ein Strahl x des Büschels S liefert mit $g, \bar{g}$ zwei Schnittpunkte und damit zwei

Strecken m, n (siehe Bild **171**), die als Seiten genommen ein Rechteck $m \cdot n$ ergeben, das gleich dem Quadrat $p \cdot p$, ist. Zieht man jetzt um M und N die Kreise mit den Radien m und n, so erhält man in deren Schnittpunkten X, X' Punkte, die die geforderte Eigenschaft haben. Durchläuft x das Strahlenbüschel S, so bewegt sich der immer so konstruiert gedachte Punkt X auf einer Kurve. Die Gestalt der Kurve ist davon abhängig, welches Verhältnis die Seite p des Quadrates zum Abstand 2a der festen Punkte M, N hat. Bild **172** zeigt einige typische Formen (soweit sie überhaupt sichtbar sind); es hat im wesentlichen deren drei und daneben vier Grenzformen:

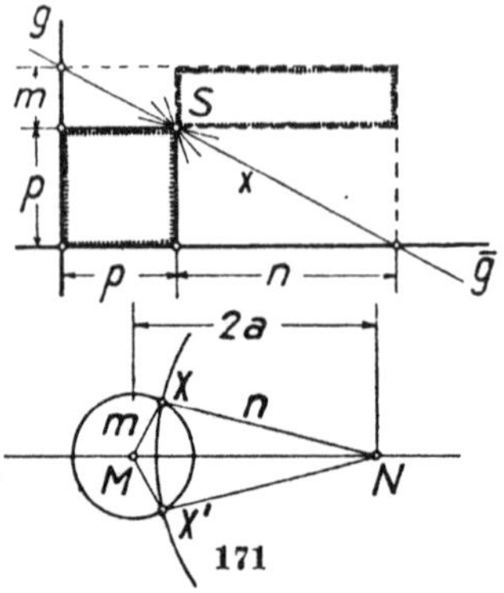

171

Ausartung: Zwei Punkte M, N, wenn p gleich Null ist.

1. *Zwei getrennt erscheinende Ovale,* wenn p zwischen Null und a liegt.
   Zwischenform: Lemniskate, wenn p gleich a ist.

2. *Ein symmetrisches zweimal eingebuchtetes Oval,* wenn p zwar größer als a, aber kleiner als $a\sqrt{2} = 1{,}4142 \cdots a$ ist.
   Zwischenform: p gleich $a\sqrt{2}$.

3. *Ellipsen-ähnliches, aber an Viereck erinnerndes Oval,* wenn p größer als $a\sqrt{2}$ ist.
   Mit wachsendem p wird das Oval immer kreisförmiger und artet auch so aus wie ein unbegrenzt groß werdender Kreis um einen im Endlichen liegenden Mittelpunkt (S. 67 f.).

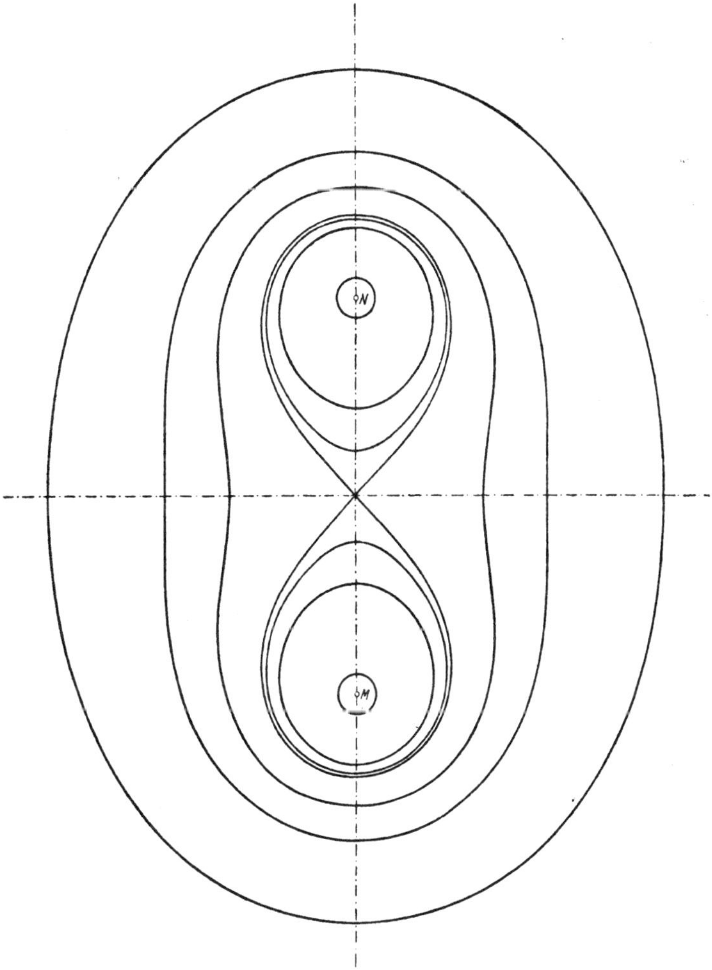

172

Ausartung: Die doppelt bedeckte unendlichferne Gerade der Ebene. Den Kurven in Bild **172** liegen folgende Verhältnisse zugrunde:

$$p = 0{,}447a;\quad 0{,}9a;\quad 0{,}975a;\quad a;\quad 1{,}2a;\quad \sqrt{2}a;\quad 1{,}897a.$$

Man nennt diese Kurven nach dem Astronomen *Giov. Dominicus Cassini* (1625—1712), da dieser sie für die Darstellung der Bewegung der Sonne im Verhältnis zur Erde erdachte, indem er die Erde den Platz eines der hier mit M und N bezeichneten Punkte einnehmen ließ.

Wir wollen uns eine lebendige Vorstellung von der Art des Entstehens dieser Kurvenformen erarbeiten. Durch Betrachten der starren Zeichnungen läßt sich das nicht erreichen. Der Leser möge deshalb die nun zu beschreibenden geometrischen Vorgänge möglichst intensiv mitmachen. Vor allem mache man sich das gegenseitige Verhalten der Strecken m, n (Bild **171**) klar, wenn der Strahl x das Büschel durchläuft. Wenn m Null wird, so wird n unendlich groß, zieht sich umgekehrt die Strecke n auf einen Punkt zusammen, so wächst m über alle Grenzen. Demgemäß gehen wir von folgender Anfangslage aus: Im Kreisbüschel um M vom Mittelpunkt M und dazu entsprechend im Kreisbüschel um N vom Unendlichfernen (vgl. S. 67f.). In der Folge dehnt sich nun der Punkt M zu immer größer werdenden Kreisen aus, und zwar — wenn der Strahl x sich gleichmäßig dreht — zuerst langsam und dann immer schneller. Entsprechend zieht sich das Unendlichferne zuerst unbegrenzt rasch und dann immer langsamer zu gegen den Mittelpunkt N hin sich verkleinernden Kreisen zusammen. In Bild **173** wird dies durch die Pfeile angedeutet; der innerste Kreis um M entspricht dem äußer-

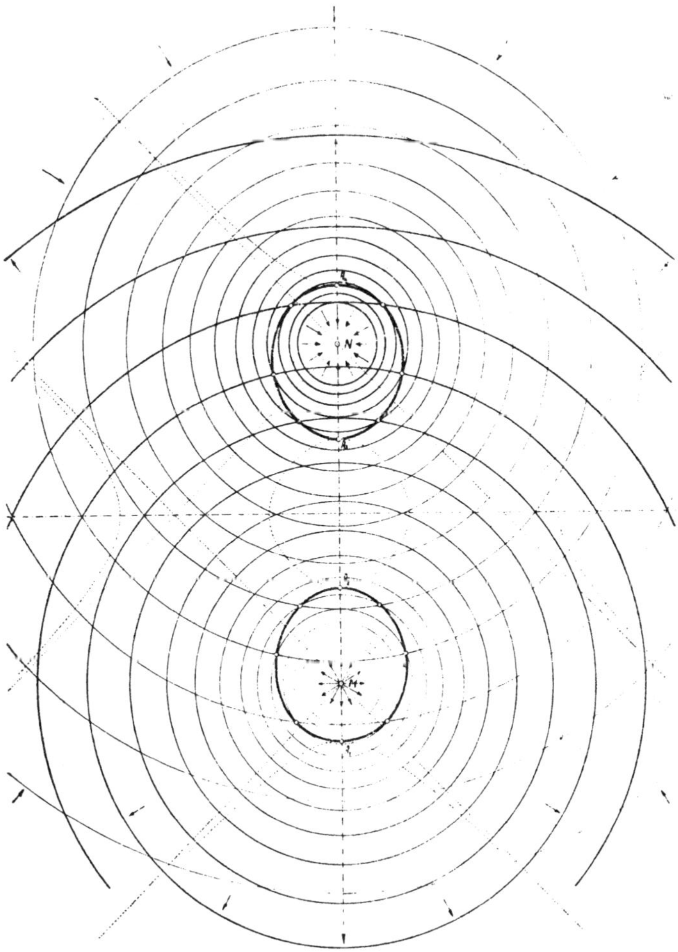

173

sten um N, der zweitinnerste um M dem zweitäußersten um N usw. (die fein gestrichelten Linien möge man noch außer Acht lassen). Zu Beginn des Prozesses schneiden sich die jeweils entsprechenden Kreise noch nicht, liefern also noch keine sichtbaren Kurvenpunkte. Ist der Kreis um M aber genügend groß und der sich gegen N zusammenziehende genügend klein geworden, so treffen sie sich ein erstes Mal und ergeben mit ihrem Berührungspunkt einen Kurvenscheitel A_1. Geht das Ausdehnen von M aus und das entsprechende Zusammenziehen auf N zu weiter, so schneiden sich entsprechende Kreise in je zwei Kurvenpunkten. Je nach dem Abstand $MN = 2a$, bei fest gehaltenem $p \cdot p = m \cdot n$, ergibt sich nun die eine oder andere Form. In Bild **173** verlassen sich die entsprechenden Kreise beim Kurvenscheitel A_2, und eine Zeitlang haben wir wieder keine sichtbaren Schnittpunkte; erst bei A_3 treten diese, zunächst in A_3 selbst als Berührungspunkt, wieder in Erscheinung. In A_4 treffen sich die entsprechenden Kreise zum letzten Mal, dann zieht sich im einen Büschel der Kreis auf den Punkt N zusammen, im andern Büschel dehnt sich der zugehörige Kreis unbegrenzt aus und entartet in die doppelt bedeckte unendlichferne Gerade der Ebene (S. 67 f.). Man beachte, wie bei diesem Prozeß die beiden Ovale nicht gleichartig entstehen, obschon sie als starre Form denselben Anblick darbieten, *was bei dem unteren von innen her gebildet, wird bei dem oberen von außen her gebildet.* Dasselbe gilt natürlich auch für die anderen Kurvenformen. Der Leser soll das an einer entsprechenden, ja nicht schwer zu konstruierenden Figur im einzelnen verfolgen. Er wird sich dabei auch eine lebendige Vorstellung davon aneignen können, wie Einbuchtungen und andere Besonderheiten zustande kommen.

Wir haben die Cassinischen Kurven mit Hilfe zweier aufeinander bezogener Kreisbüschel erzeugt, die Radien entsprechender Kreise ergeben sich aus einer perspektiven Beziehung (s. Bild **171**). Anschaulicher: *Die Kurvenformen entstehen aus dem Zusammenstoßen zweier Strömungen: Die eine vom Unendlichen her gegen das Zentrum N hin wirkend, die andere vom Mittelpunkt M aus nach außen wirkend; die Strömungen sind dabei nach dem Gesetz des konstanten Produktes* (*Rechtecks*) *miteinander verknüpft.*

Zum Schlusse wollen wir noch auf eine wichtige Metamorphose hinweisen. Man denke sich zuerst die Zentren M und N miteinander zusammenfallend, das Erzeugnis der Strömungen wird ein Kreis um $M \equiv N$ sein. Jetzt stelle man sich vor, die Zentren M, N entfernen sich sehr langsam voneinander. Immer aber sollen noch die Strömungen (mit festem p) gegen N und von M wirksam bleiben. Sie erzeugen dann nacheinander die verschiedenen in Bild **172** angegebenen Kurvenformen: Der Kreis geht über in die ellipsen-ähnlichen, dann in die eingebuchteten Ovale, die Einbuchtungen ziehen sich immer enger zusammen, bis sich die Lemniskate als Übergangsform ergibt. Vergrößert sich der Abstand der Zentren M und N noch mehr, so zerfällt die entstehende Kurve in zwei getrennt erscheinende Ovale. Vielleicht interessiert sich einmal ein den ganzen menschlichen Wachstumsprozeß studierender Morphologe für diese Metamorphose. —

Eine weitergehende Formen-Variabilität ergibt sich, wenn man zu den Cassinischen Kurven noch deren projektive Bilder hinzunimmt. Denkt man sich ein Viereck, dessen Ecken auf einer Cassinischen Kurve liegen, so kann man ja dieses Viereck in jedes andere mit Hilfe von aufeinanderfolgenden Schein- und Schnittbildungen überführen. Durch dieselben Perspektivitäten ergibt sich auch eine verallgemeinerte Form einer Cassinischen Kurve, die dem zweiten Viereck umschrieben ist. —

Ausblicke. Die verschiedenen Gestalten der Cassinischen Kurven können eine Frage wecken. Jede ist eine anschauliche Darstellung eines einheitlichen begrifflichen Zusammenhanges. Dieser geometrische Ausdruck einer begrifflichen Einheit erscheint aber in der Sphäre des Anschaulichen unter Umständen keineswegs als Einheit, sondern bei der aus getrennten Ovalen bestehenden Form in eine Zweiheit gespalten. Es erhebt sich deshalb die Frage, ob man nicht eine Idee finden kann, die das Rätsel des Überganges von der gedanklichen Einheit zu dieser in zwei Teile getrennten Form in voller Klarheit zu durchschauen erlaubt. Tatsächlich ist es möglich, diesen Übergang genau zu verfolgen, wenn man das Imaginäre so, wie es der große Mathematiker v. Staudt in die Geometrie einführte, in die Betrachtung hereinnimmt. Das wird also eine Hauptaufgabe sein. Dann wird sich auch der Zusammenhang des rechten Winkels mit den Phänomenen der Verknüpfung zeigen, wie schon auf Seite 127 angedeutet wurde.

An mancher Stelle unserer Betrachtungen wurde auf Tatsachen der gegenseitigen Anordnung von Punkten, Geraden und Ebenen hingewiesen: z. B. auf die Zerlegung des Punktfeldes und Punktraumes durch Geraden und Ebenen, auf die Zerlegung des Strahlenfeldes und Ebenenraumes durch Punkte (S. 48f. und S. 76f.), auf die merkwürdigen Zyklen am Fünfseit und Fünfeck (S. 96f.) usw. Damit entsteht die Aufgabe, aus allen diesen geometrischen Tatbeständen den wesentlichen

Kern herauszuschälen, d. h. die *Urphänomene der Anordnung im Raume* zu finden. Der Leser ist aber durch die angezeigten Beispiele hinlänglich vorbereitet, die nicht ganz einfache Herleitung der Anordnungs-Phänomene aus den zugrunde liegenden Urphänomenen zu verstehen.

Im sechsten Abschnitt habe ich einige Eigenschaften der ebenen Moebius-Netze entwickelt; den Inhalt dieser Untersuchung könnte man auch so kennzeichnen: *Die Struktur der Ebene als Punkt- und Strahlenfeld* im Lichte des Desargues'schen Satzes. Das ist aber nur die eine Hälfte eines Ganzen; um diese Einseitigkeit aufzuheben, müßten wir polar dazu auch *die Struktur des Punktes als Ebenen- und Strahlenbündel* studieren. Es ist jedoch im allgemeinen viel schwieriger, die Gebilde eines Punktes in das gegenständliche Bewußtsein hereinzubekommen, als die von Natur aus bildhafteren Figuren einer Ebene (vgl. dazu die Desargues'schen Sätze für Ebene und Punkt S. 110 f.). Weiter ergibt sich dann die Frage, ob die auf Seite 128 angedeuteten drei Bereiche auch in der Geometrie des Punktes zu unterscheiden sind. Da das Unendlichferne in der Geometrie des Punktes eine andere Bedeutung hat als in der Geometrie der Ebene, zeigt sich hier ein wesentlicher Unterschied dieser sonst zueinander polaren Geometrien.

Dem mit der üblichen Elementargeometrie Vertrauten taucht die naheliegende Frage auf, in welchem Verhältnis z. B. der Peripheriewinkel-Satz und der Pythagoräische Lehrsatz zu der hier entwickelten projektiven Geometrie stehen. Auch da ist der Zusammenhang erst mit Hilfe des Unendlichfernen und des Imaginären aufzudecken.

An einigen Stellen habe ich flüchtige Andeutungen gemacht über die Rolle des geometrisch Unendlichfernen usw. für die Naturwissenschaften. Näheres darüber wird sich nach der Entwicklung der von Staudt'schen Imaginärtheorie sagen lassen. Es ist klar, daß damit auch die alte Frage aufgeworfen ist nach der Beziehung der vom Menschen aus seinem Innern geschöpften Welt des Mathematischen einerseits, zur außermenschlichen Realität anderseits.

Manchem Leser wird es vielleicht sonderbar erscheinen, daß ich diese geometrischen Betrachtungen mit lauter Fragen abschließe, statt eine Zusammenfassung der gewonnenen Antworten zu geben. Ein solcher möge aber bedenken, daß die Aufgabe eben darin bestand, diese Problemstellungen zu finden. Erst auf Grund des Durcharbeitens genügend vieler geometrischer Einzelerscheinungen erhalten solche Fragen ihre rechte Kraft.

Sach- und Namenregister

Literaturhinweise

Adams, George, Strahlende Weltgestaltung. Synthetische Geometrie in geisteswissenschaftlicher Beleuchtung, zugleich als Vorarbeit gedacht für eine geistgemäße mathematische Physik. 2. Aufl. Dornach 1965.

– Von dem ätherischen Raume. Stuttgart 1964.

Adams, George/Olive Whicher, Die Pflanze in Raum und Gegenraum. Elemente einer neuen Morphologie. 2. Aufl. Stuttgart 1979.

Bernhard, Arnold, Schauendes Geometrisieren. Mathematisch-Astronomische Blätter Nr. 1, Dornach 1976.

Bindel, Ernst, Die geistigen Grundlagen der Zahlen. 3. Aufl. Stuttgart 1977.

– Die Kegelschnitte. Ihre zeichnerische Gewinnung und ihre Beziehung zum Menschen. Suttgart 1963.

– Harmonien im Reiche der Geometrie. In Anlehnung an Keplers Weltharmonik. Stuttgart 1964.

Edwards, Lawrence, Wegkurven in drei Dimensionen. Mathematisch-Physikalische Korrespondenz Nr. 91, Dornach 1974.

– Wegkurven im Pflanzenreich. Mathematisch-Physikalische Korrespondenz Nr. 94, Dornach 1975.

– Die Angelpunkt-Transformation. Mathematisch-Physikalische Korrespondenz Nr. 100, Dornach 1976.

– Der Wasserwirbel. Mathematisch-Physikalische Korrespondenz Nr. 112, Dornach 1979.

Gschwind, Peter, Der lineare Komplex, eine überimaginäre Zahl. Mathematisch-Astronomische Blätter Nr. 4, Dornach 1977.

– Methodische Grundlagen zu einer Projektiven Quantenphysik. Mathematisch-Astronomische Blätter Nr. 6, Dornach 1979.

Kaufmann, George A. jetzt: Adams, George.

Keller-von Asten, Heidi, Begegnungen mit dem Unendlichen. Geometrische Erfahrungen durch übendes Anschauen. Dornach 1970.

Schuberth, Ernst, Die Modernisierung des mathematischen Unterrichts. Stuttgart 1971.
Steiner, Rudolf, Das Verhältnis der verschiedenen naturwissenschaftlichen Gebiete zur Astronomie. Dornach 1926. Neuauflage in Vorbereitung.
– Naturbeobachtung, Mathematik, wissenschaftliches Experiment und Erkenntnisergebnisse vom Gesichtspunkte der Anthroposophie. GA 324, 2. Aufl. Dornach 1972.
Unger, Georg, Kontemplatives Mathematisieren. Mathematisch-Astronomische Blätter Nr. 3, Dornach 1980.
– Das offenbare Geheimnis des Raumes. Meditationen am Pentagondodekaeder nach Carl Kemper. 2. erw. Aufl. 1975.
– Die Rettung des Denkens. Exkurse in mathematisches, physikalisches und kybernetisches Denken. Stuttgart 1978.
– Vom Bilden physikalischer Begriffe. Teil I, Die Grundbegriffe von Mechanik und Wärmelehre. Stuttgart 1959.
– Vom Bilden physikalischer Begriffe, Teil II, Die Grundbegriffe der Optik und Elektrizitätslehre. Stuttgart 1961.
– Vom Bilden physikalischer Begriffe, Teil III, Grundbegriffe der modernen Physik: Quanten, Teilchen, Relativität. Stuttgart 1967.
Viersen, Wim, Konstellation in Bewegung. Mathematisch-Astronomische Blätter Nr. 2, Dornach 1976.
Wachsmuth, Guenther, Erde und Mensch – ihre Bildekräfte, Rhythmen und Lebensprozesse. 3. Aufl. Dornach 1965.
– Die Entwicklung der Erde. Kosmogonie und Erdgeschichte, ein organisches Werden. 2. Aufl. Dornach 1960.
Whicher, Olive, Projektive Geometrie. Schöpferische Polaritäten in Raum und Zeit. Stuttgart 1970.

Locher-Ernst, Louis | Unger, Georg

FREIE GEOMETRIE EBENER KURVEN

Die freie Geometrie ebener Kurven ist eines der schönsten Gebiete der projektiven Geometrie, das nach wie vor viel Spielraum für geometrische Phantasie (etwa die Erzeugung und Polarisierung von Kurven) sowie für mathematische Vertiefungen und Erweiterungen (z. B. Systematik von Kurven höherer Ordnung und Klasse, Erweiterungen auf den Raum) bereithält. Die vorliegende Edition macht vergriffene und nicht leicht greifbare Arbeiten von LOUIS LOCHER-ERNST und GEORG UNGER zur freien projektiven Geometrie ebener Kurven zugänglich. Im Zentrum steht das Buch «Einführung in die freie Geometrie ebener Kurven» von LOUIS LOCHER-ERNST mit neuem Layout und integrierten Figuren. Zusätzlich wurden einführende sowie weiterführende Aufsätze zu diesem Thema aufgenommen, ergänzt durch zwei Aufsätze von GEORG UNGER zu Spezialfragen aus diesem Themenumkreis.

2. Auflage 2016, 162 Seiten, kartoniert, ISBN 978-3-7235-1553-2

Verlag am Goetheanum